U0158674

资助项目

福建省2011协同创新中心-中国乌龙茶产业协同创新中心专项

（闽教科〔2015〕75号）

福建省科技创新平台建设项目：大武夷茶产业技术研究院建设

（2018N2004）

南平市科技计划项目(N2017Y01)

武夷茶種

张　渤　　王飞权 ◎ 主编

复旦大学出版社

编 委 会

主 编　张　渤　王飞权

参 编　洪永聪　叶江华　张见明　石玉涛　冯　花

序

碧水丹山之境的武夷山，是世界文化与自然遗产地，是国家公园体制试点区，产茶历史悠久，茶文化底蕴深厚。南北朝时期即有"珍木灵芽"之记载，唐代有腊面贡茶，时人即有"晚甘侯"之誉。宋朝之北苑贡茶时期，武夷茶制作技术、文化、风俗盛极一时，茶文化与诗文化、禅文化充分渗透交融，斗茶之风更千古流传。站在元代御茶园的遗迹上，喊山台传来的"茶发芽"之声依稀犹在。明清时的武夷茶人不仅克绍箕裘，更发扬光大，创制出红茶与乌龙茶新品种，至今大红袍、正山小种等誉美天下。"臻山川精英秀气所钟，品具岩骨花香之胜。"梁章钜、汪士慎、袁枚等为武夷茶所折服，留下美妙的感悟。武夷山又是近代茶叶科学研究的重镇，民国时期即设立有福建示范茶厂、中国茶叶研究所。吴觉农、陈椽、庄晚芳、林馥泉、张天福等近代茶学大家均在此驻留，为中国茶叶科学研究做出不凡的成绩。

历史上，"武夷茶"曾是中国茶的代名词，武夷山是万里茶道的起点，武夷茶通过海路与陆路源源不断地输往海外，这一刻度，就是 200 年。域外通过武夷茶认识了中国，认识了福建，掀起了饮茶风潮，甚至改变了自己国家的生活方式，更不惜赞美之词。英国文学家杰罗姆·K.杰罗姆说："享受一杯茶之后，它就会对大脑说：'起来吧，该你一显身手了。你需口若悬河、思维缜密、明察秋毫；你需目光敏锐，洞察天地和人生；舒展白色的思维羽翼，如精灵般地翱翔于纷乱的世间之上，穿过长长的明亮的星光小径，直抵那永恒之门。'"

武夷茶路不仅是一条茶叶贸易之路，更是一条文化交流之路。一杯热茶面前，不同肤色、不同种族、不同语言的人有了共同的话题。一条茶路，见证了大半个中国从封闭落后走向自强开放的历史历程，见证了中华民族在传统农业文明与近代工业文明之间的挣扎与转变。如今，虽说当年运茶的古渡早已失去踪迹，荒草侵蚀了古道，流沙淹没了时光，但前辈茶人不惧山高沟深、荒漠阻隔、盗匪出没，向生命极限发出的挑战勇气与信念，是当今茶人最该汲取的商业精神。

时光翻开了新的一页。2015 年 10 月，习近平主席在白金汉宫的欢迎晚宴上致辞时以茶为例，谈中英文明交流互鉴："中国的茶叶为英国人的生活增添了诸多雅趣，英国人别具匠心地将其调制成英式红茶。中英文明交流互鉴不仅丰富了各自文明成果、促进了社会进步，也为人类社会发展作出了卓越贡献。"

如今，在"一带一路"倡议与生态文明建设的背景下，武夷茶又迎来了新的发展时代。"绿水青山就是金山银山"已然是中国发展的重要理念。茶产业是典型的美丽产业、健康产业，是"绿水青山就是金山银山"的最好注脚。我们不断丰富发展经济和保护生态之间的辩证关系，在实践中将"绿水青山就是金山银山"化为生动的现实。武夷山当地政府、高校、企业与茶人们为此做了不懈的努力，在茶园管理、茶树品种选育、制茶技艺传承与创新、茶叶品牌构建等方面不断探索，取得了辉煌的成就，让更多的武夷茶走进千家万户，走向市场、飘香世界。武夷茶也越来越受到人们的喜爱。外地游客来武夷山游山玩水之余，更愿意坐下来品一杯茶，氤氲在茶香之中。

由武夷学院茶与食品学院院长张渤牵头，中国乌龙茶产业协同创新中心"一带一路"中国乌龙茶文化构建与传播研究课题组编写了"武夷研茶"系列丛书——《武夷茶路》《武夷茶种》《武夷岩茶》《武夷红茶》。丛书自成一个完整的体系，不论是论述茶叶种质资源，还是阐述茶叶类别，皆文字严谨而不失生动，图文并茂。丛书不仅有助于武夷茶的科学普及，而且具体很强的实操性。编写团队依托武夷学院研究基础与力量，不仅做了细致的文献考究，还广泛深入田野、企业进行调研，力求为读者呈现出武夷茶的历史、发展与新貌。

"武夷研茶"丛书的出版为武夷茶的传播与发展提供了新的视野与诠释，是了解与研究武夷茶的全新力作。丛书兼顾科普与教学、理论与实践，既可以作为广大爱好者学习武夷茶的读本，也可以作为高职院校的研读教材。相信"武夷研茶"丛书能得到读者的认可与喜欢！

谨此为序。

杨江帆

2020 年 3 月于福州

目　录

第一章 武夷山茶树种质资源概况

武夷山产茶历史悠久，可追溯到南北朝时期，至今已有 1 500 多年，最早的文字记载见于唐宪宗元和年间。悠久的产茶历史和得天独厚的生态环境孕育了丰富的茶树种质资源，武夷山素有"茶树品种资源王国"之称。起源于武夷山的武夷菜茶在世界茶树植物分类学上占有重要地位。1762 年，瑞典植物学家林奈在再版《植物种志》中将武夷菜茶确定为世界茶树中小叶种的代表种群，并以"武夷"的音译"Bohea"来命名，被称为武夷种。1908 年英国植物学家瓦特（G. Watt）及 1919 年印度尼西亚植物学家斯图亚特（C. Stuart）将茶树分为 2 个种，其中一个为武夷变种。我国茶学家庄晚芳认为茶树可分为云南亚种和武夷亚种两个亚种。

武夷菜茶的有性群体茶树品种，经过长期的自然杂交途径进行基因重组与基因突变及先民们不断的人工选择，选育出千姿百态和不同品质特点的各种优良单丛、名丛。众多的武夷名丛是武夷岩茶"岩骨花香"之优良品质形成的重要基础。武夷山当地茶人不仅重视本地茶树种质资源的传承、保护和开发，同时也十分重视外地茶树种质资源的引进。近百年来，陆续从外地引进了福建水仙、梅占、黄棪、瑞香、黄观音、金牡丹、黄玫瑰等国家级和省级无性系茶树良种，极大丰富了武夷山茶区茶树种质资源的遗传多样性。在自然选择和人们的选种活动下，造就了丰富多彩的茶树种质资源和茶树品种，为茶树育种和生产提供了优质的原料，创制出花色繁多、品质各异的茶叶产品，极大地满足了国内外消费市场的需要。

本章就茶树种质资源的基本概念、武夷山茶树种质资源的选育利用历程及当前武夷山茶树种质资源的分类做一简单介绍。

第一节　茶树种质资源的基本概念

　　茶树育种是以茶树不同种质资源为材料，运用遗传学及其他自然科学的理论、方法与技术选育茶树新品种的途径和方法。一般包括茶树种质资源的搜集、研究和利用，新品种的选育，良种的繁育和推广等三个连续性的阶段。由于茶树是异花授粉的多年生木本植物，遗传物质的杂合性强，故育种需要经历一个较长的时期。了解茶树种质资源和茶树育种工作的基本概念，有助于更好地认识茶树种质资源，进而对其进行有效开发和利用。

　　武夷山本地茶树种质资源主要包括武夷菜茶、武夷单丛、武夷名丛及从中选育的茶树品种。其中，单丛是前人从武夷菜茶的有性群体种中采用单株选育的方法筛选出的优良单株，进一步从单丛中优中选优，再选育出武夷名丛。武夷山名丛茶树种质资源十分丰富，目前收集和保存的武夷名丛茶树资源有数百份，后来从中选育出肉桂和大红袍两个省级茶树品种。此外，为更好地识别和记载武夷名丛，人们按照茶树生长环境、形态特征、叶形叶色、成品茶的香型等特征、特点对不同名丛种质进行命名。

一、茶树种质资源的基本概念

1. 种质

种质（germplasm），指亲代通过生殖细胞或体细胞传递给子代的遗传物质。

2. 种质库

种质库，又称基因库，指以种为单位的群体内的全部遗传物质，由许多个体的不同基因所组成。

3. 种质资源

种质资源（germplasm resources），亦称遗传资源（genetic resources）、基因资源（gene resources）、品种资源，现在国际上主要采用种质资源这一名词，指具有种质并能繁殖的生物体，包括品种、类型、野生种及近缘种的植株、种子、无性繁殖器官、花粉甚至单个细胞。

种质资源根据来源划分为本地种质资源、外地种质资源、野生种质资源和人工创造的种质资源，如武夷菜茶、武夷单丛、武夷名丛和大红袍、肉桂等为武夷山本地茶树种质资源，福建水仙、梅占等为外地茶树种质资源，丹桂、九龙袍等为人工创造的种质资源；根据繁殖方式划分为有性系品种和无性系品种，其中有性系品种指世代采用种子繁衍后代的品种，无性系品种指世代用无性繁殖方法（扦插、压条等）繁衍后代的品种，武夷山茶区目前在生产上推广利用的茶树品种主要是无性系品种，如福建水仙、肉桂、大红袍、丹桂、瑞香等。

4. 株系

株系（line），是育种过程中的前期材料。入选单株时，经初步观察鉴定、无性繁殖，具有一定数量的同类个体，在品种比较试验之前统称株系。如从武夷菜茶群体中选出的某某抗寒品系，前期称之为某某株系。

5. 品系

品系（strain），是起源于同一单株或同类植株，遗传性状相对一致，已通过品种比较试验，尚未进行区域试验或未经审定的作为育种材料一群同类个体。例如，从武夷菜茶群体中选出一株抗寒单株，经性状鉴定、无性繁殖、品种比较试验之后，就称之为某某抗寒品系。

6. 茶树品种

茶树品种，是经人类培育选择创造的、经济性状及农业生物学特性符合生产和消费要求，具有一定经济价值的重要农业生产资料；在一定栽培条件下，依据形态学、细胞学、分子生物学等特异性可以和其他群体相区别；个体间的主要性状相对相似；以适当的繁殖方式（有性或无性）能保持其重要特性的一个栽培茶树群体。

二、武夷单丛、名丛的概念

（1）武夷单丛：从武夷菜茶有性群体中采用单株选择法选育的优良茶树单株。

（2）武夷名丛：从单丛中优中选优选育出的优良单丛。

三、武夷名丛茶树种质资源的命名

武夷名丛的选育历史久远、种类繁多，在以优异品质为先决条件下，依据各自不同的特点和需求，对各类名丛分别命以"花名"。命名有多种类型，不仅形象生动、好听易记，而且丰富了武夷茶文化的内涵。

（1）以茶树生长环境命名的有：不见天、岭上梅、石角、过山龙、九龙珠、水中仙、金锁匙、半天腰、吊金钟等。

（2）以茶树形态命名的有：醉贵姬、醉海棠、醉洞宾、钓金龟、凤尾草、玉麒麟、国公鞭、一枝香、醉八仙等。

（3）以茶树叶形命名的有：瓜子金、金钱、竹丝、金柳条、倒叶柳、向天梅等。

（4）以茶树叶色命名的有：白吊兰、红海棠、红绣球、大红梅、绿蒂梅、黄金锭等。

（5）以茶树发芽迟早命名的有：不知春、迎春柳等。

（6）以传说栽种年代命名的有：正唐树、正唐梅、宋玉树等。

（7）以成品茶香型命名的有：肉桂、白瑞香、石乳、夜来香、金丁香、竹叶青等。

（8）以神话传说命名的有：大红袍、水金龟、铁罗汉、白鸡冠、半天腰（鹞）、白牡丹、红孩儿、状元红、仙女散花等。

（9）以区别名丛分离类型命名的有：正太仓、付独占、正芍药、正柳条、正玉兰、正蔷薇、正太阴等。

第二节　本地茶树种质资源的选育利用

　　十多个世纪以来，武夷茶区先民为了保持和提高武夷菜茶的优良种质特性，不断从武夷菜茶中分离选择优良单丛，通过选育对比，培育出许多名丛用于生产，创造了以茶叶优异品质为首要选择条件的武夷茶树单株选育法。选育利用名丛是武夷茶区特有的一种传统生产方式，历代选育利用的名丛，种类繁多，据统计全山不下千种。由于历史的多种原因，许多名丛、单丛资源不断消失，造成武夷茶种质资源的遗传多样性逐渐丧失。近百年以来，当地一大批茶叶科技工作者和相关业者为保护和发展武夷名丛资源而不懈努力，陆续开展了武夷山茶树种质资源的收集保护、整理鉴定和开发利用工作，取得了显著的成绩。

一、1949 年以前武夷山茶树种质资源的选育利用

　　1949 年以前，武夷山茶树种质资源主要以民间分散管护方式为主。一方

面，各岩主精心管护自己的名丛单丛，代代相传，以期永续利用；另一方面，他们又各自保守秘密不相传，形成互相独立保存的传统保护形式。

民国时期，原福建省农业改进处茶叶改良场于1940年由福安迁到崇安县（现武夷山市），创办示范茶厂。1942年，中央茶叶研究所也迁移到此。张天福、吴觉农等先后开展茶树育种、栽培，茶叶加工、生化研究工作，建立企山茶树品种观察圃，收集省内外44个品种（观察圃现已无存）。林馥泉编著了《武夷茶叶之生产制造及运销》，为后人研究利用武夷茶树资源提供了基础资料。

武夷山历史上有明确出现年代的名丛如下。

唐：正唐梅、征唐树。

宋：坠柳条、铁罗汉、宋玉树（郭柏苍《闽茶录异》）、石乳（宋《北苑贡茶录》）、臭叶香茶（又称文公茶，清陆廷灿《续茶经》）。

元：石乳（周栎《园圃小记》）。

明：铁罗汉、白鸡冠。

清：铁罗汉、白鸡冠、大红袍、老君眉、肉桂、不知春、洞宾茶、木瓜、雪梅、水红梅、素心兰、白桃仁、雀舌、红梅、松际、漳芽、铁观音、水金龟、半天腰（鹞）、金锁匙、白牡丹等。

民国：武夷各岩所产之茶，各有其特殊之品。天心岩之大红袍、金锁匙，天游岩之人参果、吊金龟，下水龟岩之白毛猴、金柳条，马头岩之白牡丹、石菊、铁罗汉、苦瓜霜，慧苑岩之金鸡伴凤凰、狮舌，磊石岩之乌珠、壁石、止止庵之白鸡冠，盘龙岩之玉桂、一枝香，皆极名贵。此外，还有金观音、半天腰、不知春、夜来香等，种类繁多，统计全山将近千种。（1921年蒋希召的《蒋叔南游记》）

二、1949年以后武夷山茶种质资源的选育利用

1949年以后崇安茶场、崇安县综合农场、武夷山市茶叶科学研究所、武

夷学院等武夷山市涉茶单位与姚月明、罗盛财、陈德华、刘宝顺等个人坚持不懈地进行茶树种质资源的收集、保护与开发利用工作，但因各种原因，部分资源圃常常因人为原因而改变或消亡。现存的规模较大的资源圃主要有崇安县综合农场于 1980—1990 年在九龙窠和霞宾岩溪仔边建立的资源圃、武夷山市茶叶科学研究所于 1960—1981 年在御茶园旧址建立的资源圃、罗盛财等于 1994 年起在龟岩建立的武夷山市龟岩种植园以及武夷学院于 2014 年建立的武夷学院中国乌龙茶种质资源圃。此外，幔亭茶叶研究所、武夷星茶业公司等也建有茶树资源圃，种植保存部分武夷名丛、单丛。

1980 年起，罗盛财等先后三次组织课题组，开展武夷岩茶名丛和单丛茶树资源的收集、保护和整理工作，鉴定出第一批现存主要珍稀名丛 70 份，并于 2007 年 6 月整理出版《武夷岩茶名丛录》。

武夷名丛肉桂经过选育，于 1985 年被福建省品种审定委员会认定为省级良种，现已作为武夷茶区当家品种栽培，栽培面积占全市总面积 1/3 以上，省内外广泛引种。

2012 年经福建省品种审定委员会认定大红袍正本群体为省级优良茶树品种，大红袍由传统"茶王"变成栽培品种，引发了茶区群众扩种热潮。

知识链接

武夷名丛名录

林馥泉 1943 年调查的武夷慧苑岩茶树花名，记录了茶树花名有 280 种，还有许多名丛如著名的大红袍、半天腰（鹞）、白鸡冠等均未包括在内，武夷名丛茶树种质资源之多可见一斑。慧苑岩茶树的花名如表 1-1。

表 1-1　慧苑岩茶树花名表

铁罗汉	素心兰	铁观音	不见天	醉西施	白月桂	正太仑
水葫芦	夜来香	金狮子	红月桂	瓜子仁	醉贵妃	赛文旦
正雪梨	巡山猴	绿蒂梅	正碧梅	过山龙	醉海棠	碎毛猴

正太阳	金丁香	仙人掌	桃红梅	正碧桃	瓜子金	醉洞宾
白雪梨	正太阴	并蒂兰	正芍药	正瑞香	绿芙蓉	白杜鹃
副独占	碧桃仁	正玉兰	白麝香	白吊兰	绿莺歌	金观音
正蔷薇	月月桂	红孩儿	白奇兰	粉红梅	金柳条	绿牡丹
正黄龙	大绿独占	罗汉松	白瑞香	正肉桂	石乳香	正毛球
正珊瑚	水金钱	莲子心	苦瓜	石中玉	不知春	万年红
正木瓜	万年青	石观音	水金龟	正梅占	四方竹	满树香
奇兰香	虎耳草	一枝香	龙须草	金钱草	观音竹	月上香
八步香	四季香	英雄草	千里香	满山香	灵芝草	叶下红
满地红	满江红	太阳菊	渊明菊	精神草	日日红	半畔菊
老来红	状元红	沉香草	东篱菊	凤尾草	蟹爪菊	水沙莲
午时莲	佛手莲	千层莲	八角莲	瓶中梅	岭上梅	出墙梅
庆阳兰	莺爪兰	石吊兰	四季兰	玉蟾	金蝴蝶	金石斛
金英子	金不换	玉狮子	玉麒麟	玉连环	红海棠	红鸡冠
红绣球	虎爪黄	玉孩儿	绿芙蓉	大桂林	水中蒲	绿菖蒲
水中仙	老君眉	老来娇	老翁须	点点金	向日葵	剪春罗
剪秋罗	国公鞭	蟾宫桂	孔雀尾	万年松	关公眉	马尾素
七宝塔	珍珠球	叶下红	人参果	石莲子	吊金龟	双凤冠
威灵仙	过江龙	佛手柑	双如意	提金钗	小玉桂	一枝春
一叶金	翠花娇	兰田玉	洛阳锦	节节青	王母桃	花藻石
紫金冠	石钟乳	隐士笔	同心结	竹叶青	洞宾剑	天明冬
不老丹	马蹄金	五经魁	芭蕉绿	西园柳	虞美人	夹竹桃
香茗涩	天南星	小桃仁	云南碧	絮柳条	梧桐子	宋玉树
步步娇	笑牡丹	莲花盏	夜明珠	绣花针	观音掌	紫金锭
名橄榄	紫木笔	迎春柳	野蔷薇	山上臻	十八草	墨斗笔
醉和合	还魂草	胭脂米	醉水仙	白苍兰	白豆蔻	白杜鹃

（续表）

白玉梅	金紫燕	金沉香	白玉笋	白玉簪	王母桃	白茉莉
赛龙齿	赛羚羊	赛球旗	赛玉枕	赛洛阳	出林素	玉如意
玉美人	正水枝	正玉盏	正斑竹	正玛瑙	正参须	正荔枝
正松罗	正白毫	正紫锦	正长春	正束香	正琉璃	正坠柳
正浮萍	正银光	正唐树	正荆棘	正罗衣	正棋楠	红豆叩
玉兔耳	岩中兰	七宝丹	五彩冠	白玉霜	向东葵	海龙角
倒叶柳	番芙蓉	初伏兰	向天梅	玉堂春	虎爪红	月月红
正青苔	正白果	正凤尾	正萱草	正桑葚	正次春	正山栀
正石红	正石蟹	正郁李	正蟠桃	正墨兰	正竹兰	正玉菊
大夫板	万年木	君子竹	紫荆树	千年矮	九品莲	金锁匙
水洋梅	水底月	月中仙	四季竹	忘忧草	正唐梅	玉女掌
……830 种						

武夷学院——中国乌龙茶种质资源圃简介

依托福建省 2011 协同创新中心——中国乌龙茶产业协同创新中心，武夷学院于 2014 年启动中国乌龙茶种质资源圃建设，总投入 200 余万元，包括一期、二期两个分圃，总占地面积 80 亩（图 1-1）。截至目前，已保存茶树种质资源 357 份。其中，福建、广东、台湾的乌龙茶种质资源 185 份，包括乌

图 1-1　武夷学院——中国乌龙茶种质资源圃局部图

龙茶国家级良种 20 份（占全国总数的 80%）、省级良种 18 份、地方品系 147 份，其他茶树种质资源 172 份。涵盖乌龙茶、红茶、白茶、绿茶、黄茶、黑茶六大茶类。

中国乌龙茶种质资源圃作为茶树种质资源活体基因库，是目前全国有开设茶学专业的高校建设的茶树资源圃中规模最大、保存资源数量最多的资源圃，为茶学及相关专业的教学、科研和实践提供重要支撑。

今后资源圃将继续收集、保存各地优异茶树种质资源，持续发挥种质资源圃在教学、科研和产业服务中的作用，不断为学科建设和产业发展提供服务。

第三节　外地茶树种质资源的引进利用

武夷山从外地引进茶树品种搭配栽培种植，是从清末开始，从此武夷山茶区从单一栽种武夷菜茶转向多品种种植。人们越感受到茶树品种在生产中的重要作用，就越重视引进茶树新品种，引种工作延续至今。

一、引进茶树品种的历程

1. 早年引进的茶树品种

从清末到1949年，先后引进的茶树品种主要有福建水仙、乌龙、梅占、佛手等。

2. 1949年以后至改革开放前

引进的茶树品种主要有本山、桃仁、白芽奇兰、福云6号、安徽槠叶种等。

3. 20 世纪 80 年代以来

引进试验示范的茶树新品种主要有八仙茶、凤凰单丛等，以及福建省农业科学院茶叶研究所新选育的茶树品种黄观音（茗科 2 号）、黄奇、茗科 1 号（金观音）、瑞香、金牡丹、丹桂、九龙袍、黄玫瑰、紫牡丹、紫玫瑰等和台湾品种台茶 12（金萱）、台茶 13（翠玉）等。

二、引进茶树品种的特点

1. 无性系茶树品种为主

例如，福建水仙、佛手、梅占、矮脚乌龙、黄棪、白芽奇兰、铁观音、毛猴、本山、桃仁、瑞香、黄观音、茗科 1 号、福鼎大白茶、政和大白茶等。这些无性系优良茶树品种各自群体整齐一致，各品种的特征特性表现明显差异，在生产上选择搭配栽培使用，增加了武夷岩茶的产品品类，深受茶农和消费者的欢迎。

2. 适制乌龙茶的品种为主

引进的茶树品种中，多数是适制乌龙茶的品种或兼用型品种，而引进用于红绿茶生产的只有福鼎大白茶、政和大白茶、福云 6 号等，在武夷山茶区的栽培面积不大。

3. 必须通过多年、多点生产时间鉴定

武夷山茶区的自然生态环境和传统制茶工艺与众不同，要求引进的茶树品种具备较强的适应性和较好的适制性，才能在生产上使用。20 世纪 80 年代以来，茶树新品种每年引种不断，通过不断引种和筛选，能够成为当地大面积栽培的品种却不多。一批如八仙茶等品种的引进扩大推广较快，然而淘汰、缩小栽培利用也快。现在生产上栽培利用的引进品种多数是早年引进的福建水仙及新引进的瑞香等茶树品种。

三、武夷山茶树种质资源的分类

　　根据来源不同，现今武夷山茶树种质资源可划分为两大类：一类是武夷山本地茶树种质资源，包括武夷菜茶（又称武夷变种）及从中选育出来的武夷单丛、名丛等茶树株系、品系和肉桂、大红袍等省级茶树品种，这类种质资源从武夷山开始种茶起至近代，一直是当地茶叶主栽品种；另一类是外地引进的品种资源，主要是近几十年至近百年来引进的福建水仙、梅占、黄棪、瑞香、黄观音、丹桂、九龙袍、金牡丹、黄玫瑰等无性系茶树新品种。武夷山茶树种质资源分类情况详见图1-2。

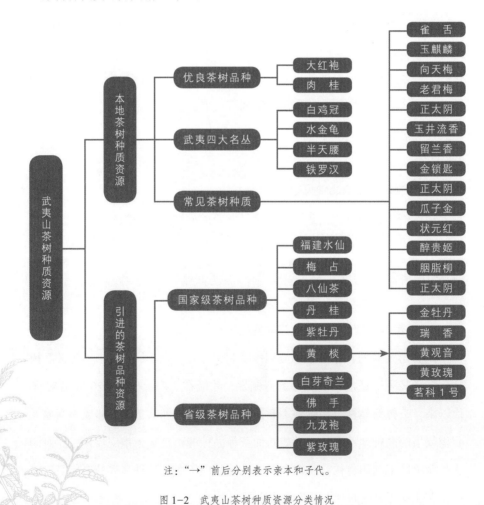

注："→"前后分别表示亲本和子代。

图1-2　武夷山茶树种质资源分类情况

武夷山现今栽培的主要茶树品种

武夷山现今栽种的茶树品种，包括引进的茶树品种、当地茶树品种及部分名丛资源，种类繁多。根据栽培利用情况，大致分为推广栽培、扩大示范和保留利用三个类型。

1. 推广栽培品种

这类茶树品种（品系）对武夷山茶区的生态环境和茶叶生产制作工艺适应性强，表现优质高产，在当地栽培利用的时间较长，面积较大，深受当地茶农的喜爱。其品种主要包括肉桂、福建水仙、大红袍、黄观音、瑞香、丹桂、白芽奇兰、九龙袍等茶树品种及白鸡冠、水金龟、半天腰和铁罗汉等武夷名丛。

2. 扩大示范品种

这类茶树品种（品系）主要是武夷山茶区近几年引进的茶树品种及武夷名丛茶树种质资源。其品种主要包括金牡丹、黄玫瑰、紫牡丹、紫玫瑰、春闺等茶树新品种及雀舌、玉麒麟、向天梅、金罗汉、老君眉、正太阴、玉井流香、留兰香、金锁匙、北斗、金桂、白瑞香、白牡丹等武夷名丛。

3. 保留利用的茶树品种

这类茶树品种（品系）主要是在当地曾经有较大面积推广栽培，表现较好，但现已少有新种或不再扩大种植。其品种主要包括武夷菜茶、黄棪、梅占、毛蟹、凤凰单丛、八仙茶、铁观音、本山、毛猴、桃仁、福鼎大白茶和福云6号等。

第二章 武夷山本地茶树种质资源生物学性状

· 大红袍、肉桂与『四大名丛』

· 其他常见武夷名丛

好茶离不开优异的茶树种质，优良的茶树种质是形成武夷岩茶优异品质的重要基础之一。在武夷山，历代劳动人民通过不懈努力从武夷菜茶群体中选育出了众多的武夷名丛茶树种质资源，其生物学性状各异，所制成的武夷岩茶品质各具特点，深受消费者的青睐。其中，以大红袍、白鸡冠、半天腰、水金龟和铁罗汉最为有名，传统上称为"五大珍贵名丛"。后来通过审定，大红袍和肉桂从武夷名丛中脱颖而出，被审定为省级茶树品种。

在武夷山本地茶树种质资源中，除了大红袍、肉桂以及白鸡冠、半天腰、水金龟、铁罗汉"四大名丛"等广受关注外，还有数百份武夷名丛茶树种质被建圃收集保存或被直接栽培利用，如雀舌、玉麒麟、向天梅、老君眉、正太阴、玉井流香、留兰香、金锁匙、白牡丹等在当地有较大面积的栽培和推广。

在茶树种质资源的鉴定、评价与选育及配套加工工艺的优化中，农艺性状、叶片解剖结构、生化成分等指标常作为重要的参考依据。其中，农艺性状对茶树的分类、鉴定和良种选育具有重要作用，是研究茶树资源最基础的评价指标，也是茶树在种以下或种内进行分类的重要依据之一，主要包括树型、树姿、物候期、嫩梢性状、叶片性状、花器性状、果实、种子性状等内容。茶叶中主要的生化成分包括茶多酚、氨基酸、咖啡碱（咖啡因）、水浸出物和黄酮类物质等，其含量的高低与组成是形成茶叶品质和开发茶叶新产品的物质基础。茶树叶片解剖结构主要包括角质层、上表皮、栅栏组织、海绵组织和下表皮，这些组织结构与茶树的产量、茶类适制性、抗逆性等密切相关，因此叶片解剖结构常作为间接鉴定和评价茶树种质优劣的重要指标之一。此外，矿质元素除了影响茶树生长外，还与茶叶品质的形成密切相关，研究表明矿质元素与武夷岩茶"岩韵"品质的形成有关，茶叶中的矿质元素主要包括铝（Al）、硼（B）、钙（Ca）、铜（Cu）、铁（Fe）、钾（K）、镁（Mg）、锰（Mn）、钠（Na）、磷（P）、硫（S）、硒（Se）、锌（Zn）等多种元素。

本章主要从农艺性状、叶片解剖结构、生化成分、矿质元素、制茶品质及抗性等方面，对大红袍、肉桂、"四大名丛"及雀舌、玉麒麟等武夷山本地茶树种质资源的特征、特性进行描述，并配有相关图片。

第一节 大红袍、肉桂与"四大名丛"

一、大红袍

武夷山传统"五大珍贵名丛"之一，如图 2-1 所示。无性系，灌木型，中叶类，晚生种。

1. 来源与分布

大红袍来源于武夷山风景区天心岩九龙窠岩壁上母树。在福建省武夷山茶区有较大面积种植应用。由武夷山市茶叶科学研究所选育而成，2012 年通过福建省农作物品种审定委员会审定，编号闽审茶 2012002。

2. 特征

植株中等大小，树姿半开张，分枝较密。叶片呈稍上斜状着生，椭圆形，叶色深绿，有光泽，叶面微隆，叶身或稍内折，叶齿锐度中、密度中、深度

20×10

图 2-1 大红袍

浅，叶缘平或微波状，叶尖钝尖、略下垂，叶质较厚脆。根据在福建省福安市社口镇的观测，发现其始花期通常在 10 月上旬，盛花期为 10 月下旬，开花量多，结实率高。花冠直径 3.4 cm，花瓣 6 瓣，子房茸毛中等，花柱 3 裂，雌雄蕊大多等高，花萼 5 片。花粉粒大小（极轴长 × 赤道轴长）46.40 μm × 25.68 μm，萌发孔为 3 孔沟，极面观近圆形。外壁纹饰拟网状，网脊隆起，宽窄不均，由小块密集而成，脊面呈波浪状，网眼较小，呈圆形或不规则形状，穿孔较少，脊洼较浅。果实为三角形，果实直径 2.35 cm ± 0.31 cm，果皮厚 0.07 cm ± 0.02 cm，种子为球形，种径 1.18 cm ± 0.20 cm，种皮为棕色，百粒重 101.16 g ± 14.0 g。在武夷山市龟岩茶树种质资源圃取样，春茶芽下第四叶片解剖结构：上表皮角质层厚度 2.36 μm，上表皮厚度 17.11 μm，栅栏组织层数 2～3 层，栅栏组织厚度 57.56 μm，海绵组织厚度 126.24 μm，下表皮厚度 15.86 μm，下表皮角质层厚度 1.96 μm，叶片厚度 221.09 μm。

3. 特性

春季萌发迟，2010 年和 2011 年在福建省福安市社口镇观测发现，一芽三叶盛期出现于 4 月中后期。芽叶生育能力较强，发芽较密、整齐，持嫩性强，淡绿色，茸毛较多，一芽二叶百芽重 80.0 g。在福建省福安市社口镇取样，2 年平均春茶一芽二叶含茶多酚 17.1%、氨基酸 5.0%、咖啡碱（咖啡因）3.5%、水浸出物 51.0%，酚氨比值（茶多酚与氨基酸的比值）3.4。2018 年春季在武夷学院茶树种质资源圃取样，主要矿质元素含量见表 2-1。产量中等，每 667 m² 产乌龙茶干茶 100 kg 以上。适制乌龙茶，品质优。制乌龙茶，外形条索紧结、色泽乌润、匀整、洁净，内质香气浓长，滋味醇厚、回甘、较滑爽，汤色深橙黄，叶底软亮、朱砂色明显。

调查表明，大红袍平均叶蝉虫量比值为 0.56～0.92。该品种对小绿叶蝉的抗性较强，对茶橙瘿螨的抗性中等，间有红锈藻病。抗旱、抗寒性较强。扦插繁殖力强，成活率高。

表 2-1　大红袍主要矿质元素含量　　（单位：mg·kg⁻¹）

元素	Al	B	Ba	Ca	Co	Cr
含量	233.15 ± 12.17	4.72 ± 1.56	10.74 ± 3.07	1 022.27 ± 55.24	0.85 ± 0.06	0.94 ± 0.02
元素	Cu	Fe	K	Mg	Mn	Na
含量	5.29 ± 0.57	41.05 ± 5.89	9 355.00 ± 815.31	1 136.21 ± 47.63	492.14 ± 19.79	27.58 ± 4.01
元素	Ni	P	S	Se	Ti	Zn
含量	1.16 ± 0.20	2 659.85 ± 108.96	1 874.61 ± 23.07	0.23 ± 0.20	2.24 ± 0.15	23.25 ± 3.34

4. 适栽地区

适栽地区为福建省乌龙茶区。

5. 栽培要点

树冠培养采大养小，采高留低，打顶护侧。成龄茶园重施和适当早施基肥，注重茶园深翻、客土。

大红袍的传说

传说古时，有个穷秀才上京赶考，路过武夷山时，病倒在路上，被下山化缘的天心庙老方丈看见，忙叫两个和尚把他抬回庙中。

老方丈见秀才脸色苍白，体瘦腹胀，便从一个精致的小锡罐里抓出一撮茶叶，放在碗里用滚水泡开，送到秀才跟前说："你喝下去吧，病就会好的。"

秀才见那茶叶在碗中慢慢舒张，露出绿叶红镶边，染得水色黄中带红，如琥珀一样光亮，清澈见底，芬芳飘溢，一股带有桂花的清香味钻心透肺，人就感到舒服。他啜了几口，觉得那茶味涩中带甘，立时口中生津，香气回肠，"咕咕"发响，腹胀渐渐消退，人也不感到烦躁了，精神更是爽利起来。秀才连忙起身，向老方丈拜了三拜说："多承老方丈见义相救，倘若小生今科得中，定返此地修整庙宇，重塑金身！"

秀才在庙里歇息了几天，便告辞了老方丈及众和尚，又上路赴京赶考去了。

果然不久，秀才金榜题名，得中头名状元。皇上见他人品出众，才华过人，当即招为驸马。按理说，秀才身居高官，又招为皇婿，应该春风满面，喜气洋洋才是。可是，状元虽日夜有美丽的公主相伴，还是闷闷不乐，似有心事重重。

一天上朝，皇上见他紧锁双眉，便问他为何这样？状元就把赶考落难，老方丈如何搭救的事——作了禀告。皇上见他欲往武夷山谢恩，便命他为钦差大臣前去观察。

一个和暖的春日，状元一行人离开了京城。只见状元骑着高头大马，随从前呼后拥，一路鸣锣开道，忙煞了沿途驿站官员。那武夷山的老方丈接到快马通报，忙召集庙里大小和尚焚香点烛，夹道欢迎，恭候钦差大臣亲临视察。

行行走走，走走行行，状元威风凛凛来到武夷山天心庙前，一见老方丈，立即下马，上前拱手作揖道："久违！久违！本官特前来报答老方丈大恩大德！"

老方丈又惊又喜，双手合掌地打量着状元说："状元公休要过谢，救人乃贫僧本德，区区小事，不必介怀。"

在寒暄中，状元问起当年治病的事，说要亲自去看看那株救命的神茶。

老方丈点头从命，领着新科状元从天心岩南下，过象鼻岩到山脚，再向西行，走进一条幽深的峡谷，只见九座岩峰像九条龙蟠绕在沟壑峭壁之间，谷里云雾漫漫，涧水淙淙，凉风簌簌，坡上岩下那一片片一层层的茶树在风里吐芳流香。

状元陶醉在天然的景色里，深深地吸了口气，又见陡峭的绝壁上还有一道小石座，座里长着三株丈四尺高的大茶树。树干曲曲弯弯，长满苔藓，树下泉水滴滴，土黑而肥润，又浓又绿的叶片，吐出一簇簇的嫩芽来，在阳光下闪着紫红的光泽，煞是逗人喜爱！绝壁上还有一道岩缝，轻风薄雾就从缝里徐徐吹拂茶树，真是天生地造的巧呀！

老方丈看状元惊叹不已，就说："这里名叫九龙窠。当年状元因食生冷之物，犯了鼓胀病，贫僧就是取这半山腰的茶叶，泡汤给状元饮服的。"

状元兴味更浓，在九龙窠浏览到日头偏西，回到寺里，又听老方丈讲起这三棵大茶树的古老传说：

很早很早以前，这茶种是晶亮晶亮的，是武夷神鸟从蓬莱仙岛衔来的，丢在九龙窠的岩壁土上，就长出了这三棵绿油油、粗壮壮的茶树。因为它高呀，高高地长在云雾缭绕的半山腰上，每年阳春，庙里就打响钟鼓，召集山猴来开山果会。给每个猴子穿上红衣红裤，让它们爬上绝壁，摘下茶叶来制好。有人病了，就施赠三五片泡汤，喝下去病就好了。因为叫不出树的名字，山里的人就称它为"茶王"。

状元听了哈哈大笑，对老方丈说："如此神茶，能治百病，请老方丈精制一盒由本官带京进贡皇上，如何？"

老方丈连连应承。此时正值春茶开采季节，第二天老方丈高兴而隆重地披上红袈裟，点起香烛，击鼓鸣钟，召来庙里大小和尚，按等级穿上条数不同的红、黄、褚各色袈裟。侍者端着茶盘，盘里装着香菇、木耳、金针等六碗斋菜和酒饭，由老方丈领首，后跟首座和尚、都监、纠察、监院、府寺、知客、维那、悦众和清众等大小和尚。有托香炉檀香的，有端具的，有拿拂尘的，有提灯笼的，排成一队，鱼贯而行，浩浩荡荡地列队来到九龙窠。焚香点烛，钟钹齐鸣，和尚们合掌念经，唱起香赞，由老方丈带头，左三步，右三步，对茶树参香礼拜，在烟火缭绕中大家齐声高喊："茶发芽！茶发芽！"就开始采起茶来啦！

采过茶叶，老方丈回庙请来最好的茶师，用最好的茶具，将茶叶精心制作以后，装入特制的小锡盒里，由状元用一方丝帕小心包好，藏在怀里。此后，状元差人把天心寺整修一番，又塑上一个金身菩萨，便打马回京城去了。

状元到了皇宫，见宫廷一片忙乱。一打听，才知道皇后患病，终日肚疼鼓胀，卧床不起，请遍了京城名医，用尽了灵丹妙药，都不见效，急得皇上和大小宦臣坐立不安。状元见这情景，就把那包茶叶呈到皇上面前，奏道："小臣从武夷山带回九龙窠神茶一盒，能治百病。敬献皇后服下，准保玉体康复。"

皇上接过茶叶，郑重地说："倘若此茶真能显灵，使皇后康复，寡人一定前往九龙窠赐封、赏茶！"

说也怪，这皇后喝了皇上亲自冲泡好的茶叶后，果然不久，回肠荡气，痛止胀消，玉体也渐渐地复原了。状元看皇上喜笑颜开，乘兴邀他前往武夷山赏茶。

古话说："国不可一日无君。"因为朝廷政事很多，皇上只好将一件大红袍交给状元，由他亲自带往武夷九龙窠，以示皇上光临。

崇安衙门官员、武夷和尚道士，听说状元代表皇上亲临九龙窠，纷纷出来迎候，老百姓也赶来看热闹。十里山路上人声鼎沸，九龙窠里熙熙攘攘，礼炮轰响，火烛通明。半山腰上那三株大茶树罩在一片烟火里，卷起了叶子，惊得状元急忙从笼车里取出大红袍，命一名樵夫爬上半山腰，把大红袍盖在三株茶树上。说奇也真奇，等烟消火灭时，掀开大红袍一看，三株茶树已变得满树通红了。有人说这是烟熏火烤的，也有人讲这是大红袍染的呢！

后来，人们就把这三株茶树叫作大红袍了，有人还在石壁上镌刻了"大红袍"三个红艳艳的大字。渐渐地，不少游人茶商慕名而来观赏，贪心的皇上怕有人夺走茶王，就派了专人看守，还下了道圣旨，要大红袍年年岁岁进贡朝廷。

从此，大红袍就成了珍品，成了"茶中之王"，与武夷的碧水丹山一起驰名天下了。

二、肉桂

原为武夷名丛之一，如图 2-2 所示。无性系，灌木型，中叶类，晚生种。

1. 来源与分布

肉桂原产于福建省武夷山马枕峰（慧苑岩亦有与此齐名之树），已有 100 多年栽培史。其主要分布在福建省武夷山内山（岩山）。在福建省北部、中部、南部乌龙茶茶区有大面积栽培，广东等省有引种。1985 年通过福建省农作物品种审定委员会审定，编号闽审茶 1985001。

图 2-2 肉桂

2. 特征

植株尚高大，树姿半开张，分枝较密。叶片呈水平状着生，长椭圆形、叶色深绿，叶面平，叶身内折，叶尖钝尖，叶齿较钝、浅、稀，叶质较厚软。在福建省福安市社口镇调查，始花期通常在10月上旬，盛花期在10月下旬，开花量多，结实率较高。花冠直径3.0 cm，花瓣7瓣，子房茸毛中等，花柱3裂，花萼5片。花粉粒大小（极轴长 × 赤道轴长）47.54 μm × 25.66 μm，萌发孔为3孔沟，极面观近圆形；外壁纹饰拟网状，网脊隆起，宽窄不均，由小块密集而成，脊面较光滑，网眼较小，呈圆形，脊洼较深，有少量穿孔。果实形状为肾形或三角形，果实直径 1.86 cm ± 0.29 cm，果皮厚 0.07 cm ± 0.018 cm，种子为球形，种径 1.14 cm ± 0.13 cm，种皮为棕色，百粒重 75.88 g ± 7.82 g。在武夷山市龟岩茶树种质资源圃取样，春茶芽下第四叶片解剖结构：上表皮角质层厚度 2.11 μm，上表皮厚度 17.13 μm，栅栏组织层数 2 层，栅栏组织厚度 70.76 μm，海绵组织厚度 156.58 μm，下表皮厚度 14.88 μm，下表皮角质层厚度 1.50 μm，叶片厚度 262.96 μm。

3. 特性

春季萌发期迟，2010 年和 2011 年在福建省福安市社口镇观测，一芽二叶初展期分别出现于 4 月 1 日和 4 月 17 日。芽叶生长势强，发芽较密，持嫩性强，紫绿色，茸毛少，一芽三叶长 8.5 cm、一芽三叶百芽重 53.0 g。在福建省福安市社口镇取样，2 年平均春茶一芽二叶含茶多酚 17.7%、氨基酸 3.8%、咖啡碱（咖啡因）3.1%、水浸出物 52.3%，酚氨比值 4.7。2018 年春季在武夷学院茶树种质资源圃取样，主要矿质元素含量见表 2–2。产量高，每 667 m² 产乌龙茶干茶 150 kg 以上。适制乌龙茶，香气浓郁辛锐似桂皮香，滋味醇厚甘爽，"岩韵"显，品质独特。

调查表明，肉桂平均叶蝉虫量比值为 1.19 ～ 1.46，该品种对小绿叶蝉的抗性较弱；该品种平均螨量比值为 0.43，对茶橙瘿螨的抗性较强；见有轮斑病、红锈藻病、圆赤星病。抗旱、抗寒性强。扦插繁殖力强，成活率高。

表 2–2　肉桂主要矿质元素含量　　　（单位：mg·kg⁻¹）

元素	Al	B	Ba	Ca	Co	Cr
含量	156.53 ± 5.81	7.05 ± 1.72	3.47 ± 2.40	920.11 ± 65.06	0.35 ± 0.05	0.86 ± 0.02
元素	Cu	Fe	K	Mg	Mn	Na
含量	6.04 ± 0.51	37.11 ± 2.55	7 118.33 ± 506.05	1 015.05 ± 57.38	542.11 ± 46.36	23.67 ± 8.13
元素	Ni	P	S	Se	Ti	Zn
含量	1.59 ± 0.26	3 251.19 ± 139.93	1 460.95 ± 50.97	0.26 ± 0.14	1.89 ± 0.05	26.11 ± 3.47

4. 适栽地区

适栽地区为福建省乌龙茶茶区。

5. 栽培要点

适当增加种植密度，及时定剪 3 ～ 4 次，促进分枝。乌龙茶鲜叶采摘标准掌握"小至中开面"，以"中开面"为主。

三、白鸡冠

武夷山传统"五大珍贵名丛"之一，如图 2-3 所示。无性系，灌木型，中叶类，晚生种。

1. 来源与分布

白鸡冠原产于慧苑火焰峰下之外鬼洞（武夷宫白蛇洞和隐屏峰蝙蝠洞有与白鸡冠齐名之树），相传白鸡冠早于大红袍，明代已有白鸡冠，"朝廷敕寺僧守株，年赐银百两，粟四十石，每年封制以进，遂充御茶，至清亦然。"茶农多有栽培，国内一些科研、教学单位有引种。

2. 特征

植株中等大小，树姿半开张，分枝较密。叶片呈稍上斜状着生。叶片长 8.2 cm，长椭圆形，叶色略呈淡绿，幼叶薄，叶色浅绿而微显黄色。叶面开展，叶肉与叶脉之间隆起，叶质较厚脆，叶缘平或微波，叶齿钝、浅、较稀，主脉粗显，叶尖渐尖或稍钝。芽叶肥壮、黄绿色，叶背茸毛厚密。花冠直径 3.8 cm，6 ～ 7 瓣。柱头比雄蕊稍长，3 裂。在武夷山市龟岩茶树种质资源圃取样，春茶芽下第四叶片解剖结构：上表皮角质层厚度 2.37 μm，上表皮厚度 17.29 μm，栅栏组织层数 2 层，栅栏组织厚度 59.94 μm，海绵组织厚度 112.14 μm，下表

20×10

图 2-3　白鸡冠

皮厚度 13.48 μm，下表皮角质层厚度 1.63 μm，叶片厚度 206.85 μm。

3. 特性

芽叶生育力强，持嫩性较强，春茶适采期为 5 月上旬。

在武夷山市龟岩茶树种质资源圃取样，春茶一芽二叶含茶多酚 34.5%、氨基酸 2.6%、咖啡碱（咖啡因）4.8%、水浸出物 43.2%、黄酮类物质 8.1 mg·g^{-1}，酚氨比值 13.2。2018 年春季在武夷学院茶树种质资源圃取样，主要矿质元素含量见表 2-3。制乌龙茶，品质优异，品种特有香型突出，"岩韵"显。

表 2-3　白鸡冠主要矿质元素含量　（单位：mg・kg^{-1}）

元素	Al	B	Ba	Ca	Co	Cr
含量	189.83 ± 28.61	3.49 ± 1.24	5.14 ± 0.86	655.11 ± 112.17	0.23 ± 0.03	1.01 ± 0.06
元素	Cu	Fe	K	Mg	Mn	Na
含量	6.64 ± 0.84	45.63 ± 1.52	10 268.33 ± 478.50	875.71 ± 138.15	358.41 ± 42.83	30.21 ± 9.67
元素	Ni	P	S	Se	Ti	Zn
含量	1.38 ± 0.18	3 282.52 ± 170.92	1 381.11 ± 187.10	0.16 ± 0.11	2.29 ± 0.72	22.12 ± 4.00

知识链接

白鸡冠的传说

名丛白鸡冠，有一个动人的传说。

古时候，武夷山有位茶农的岳父过生日，他就抱着家里的一只大公鸡去祝寿。一路上，太阳火辣辣的，他被炙烤得受不了啦。走到慧苑岩附近，便把公鸡放在一棵树下，自己找了个阴凉的地方，拿下斗笠噼叭噼叭地扇起风来。

还没一袋烟工夫，忽地听到公鸡"喔"地一声惨叫。他赶忙跑过去看，一条拇指粗的青蛇从他脚边一擦而过，差点把他吓出一身冷汗。再看大公鸡，脑袋耷拉着，殷红的血从公鸡的鸡冠上往下流，一滴一滴正落在旁边的一棵茶树根上。那茶农气得两眼冒火，恨得咬牙切齿，但又无可奈何，他只好在茶树下扒了个坑将大公鸡埋了，垂头丧气空着手去岳父家祝寿。

也不知怎的，慧苑岩附近的这几棵茶树打那以后，长势特别旺盛，一股劲地往上窜，枝繁叶茂，比周围的茶树高出一截。那满树的叶子也一天天地由墨绿变成淡绿，由淡绿变成淡白，几丈外就闻到它那股浓郁浓郁的清香。制成的茶叶，颜色也与众不同，别的茶叶，汤带褐色，它的汤色却是米黄中略显乳白；泡出来的茶水清纯晶亮，扑鼻的清香使人不忍释杯，这种茶树就是武夷名丛"白鸡冠"。

四、水金龟

武夷山传统"五大珍贵名丛"之一，如图2-4所示。无性系，灌木型，中叶类，晚生种。

20×10

图 2-4　水金龟

1. 来源与分布

水金龟原产于牛栏坑杜葛寨之半崖上，相传清末已有此名。20世纪80年代以来，武夷山有一定面积栽培。国内一些科研、教学单位有引种。

2. 特征

植株较高大，树枝半开张，分枝较密。叶片呈水平状着生，叶片长7.2 cm，长椭圆形，叶色绿，有光泽，叶面微隆起或平，叶缘平或微波，叶身平或稍内折，叶尖渐尖或骤尖，叶齿稍锐、浅、密，叶质较厚脆。芽叶肥厚，黄绿色，茸毛较少，节间较短。花冠直径3.8 cm，7～8瓣。柱头比雄蕊稍长，3裂。在武夷山市龟岩茶树种质资源圃取样，春茶芽下第四叶片解剖结构：上表皮角质层厚度2.52 μm，上表皮厚度18.68 μm，栅栏组织层数1～2层，栅栏组织厚度72.26 μm，海绵组织厚度124.23 μm，下表皮厚度19.55 μm，下表皮角质层厚度1.58 μm，叶片厚度238.82 μm。

3. 特性

芽叶生育力较强，发芽较密，持嫩性较强。春茶适采期为5月上旬。

在武夷山市龟岩茶树种质资源圃取样，春茶一芽二叶含茶多酚28.3%、氨基酸3.5%、咖啡碱（咖啡因）5.1%、水浸出物41.1%、黄酮类物质6.5 mg·g^{-1}，酚氨比值8.1。2018年春季在武夷学院茶树种质资源圃取样，主要矿质元素含量见表2-4。制乌龙茶，品质优，色泽绿褐润，香气高爽，似腊梅花香，滋味浓醇甘爽，"岩韵"显。

抗旱性与抗寒性强，扦插繁殖力较强，成活率较高。

表2-4 水金龟主要矿质元素含量 （单位：mg·kg^{-1}）

元素	Al	B	Ba	Ca	Co	Cr
含量	286.18 ± 25.45	5.23 ± 2.03	3.46 ± 0.52	1 023.27 ± 106.8	0.42 ± 0.26	1.05 ± 0.10
元素	Cu	Fe	K	Mg	Mn	Na
含量	5.90 ± 0.37	63.56 ± 2.63	7 510.00 ± 645.00	839.21 ± 87.51	457.09 ± 104.95	23.99 ± 1.24
元素	Ni	P	S	Se	Ti	Zn
含量	1.66 ± 0.24	2 391.02 ± 7.97	1 116.61 ± 101.84	0.29 ± 0.06	2.51 ± 1.16	17.38 ± 2.41

水金龟的传说

惊蛰那天，御茶园响起了喊山祭茶的声音，惊动了天庭里为玉帝仙茶浇水的金龟。这老龟原在青云山云虚洞里修炼千年，原想成了正果后，上天也可谋取一官半职。没想到上了天庭，那无情的玉帝老儿却指派它专门为仙园里的茶树浇水。开始他倒也觉得清闲自在，干久了，却也闷得慌。这天它猛然间听到人间传来"茶发芽，茶发芽！"的喊声，不禁偷偷地跑到南天门往下偷看：只见武夷山九曲溪畔御茶园里，正在祭祀茶神。红烛高照，金鼓齐鸣，茶农们齐刷刷地跪在地上，顶礼膜拜。金龟看到凡人对茶如此敬奉，不由得啧啧称赞。联想到自己长年在天庭事茶，却无人问津，气就不打一处来。"罢了，罢了，我这千年金龟还不如人间一株茶，我何不也到人间去作一株茶呢！"

金龟的目光从九曲溪畔慢慢地移到山北牛栏坑。这里奇峰突兀，千岩竞秀。谷中奇形怪状的岩石，横卧竖立，形成大大小小的沟壑。从岩缝中渗出的涓涓细流，汇为喧闹的山涧，穿过乱石，曲曲折折地向东流去。这里布满了一片又一片、一层又一层的茶林。珍奇名丛一丛丛、一簇簇，争奇斗艳，各异其趣。真是满谷春色，一派生机。凭着它多年事茶的经验，金龟认定这一定是茶树生长的最佳之地。对，就到这里去做一株名茶。主意一定，金龟便运动内功，口吐神水，武夷山顿时暴雨淋漓，那雨点有黄豆子那么大，打得满山满岭的树木哗哗作响。雨水落到峰崖沟壑，又从岭顶滚滚而下，汇成一条条吼叫着的激流，打着翻滚，带着泥沙碎石，向山下奔去。金龟变成一棵茶树顺着暴雨落到了武夷山北。金龟看看地形，估计到了地头，便止住了神水。

瓢泼的大雨刚停下，磊石洼里的一个和尚就出来巡山了。他挂着根竹竿，慢悠悠地走着，来到一个高坡上。在雨后的微光中，他见牛栏坑杜葛寨兰谷的半崖上，有一个绿蓬蓬、亮晶晶的东西在蠕动着，顺着雨水冲刷出的山沟泥路，慢慢地向下爬，一步一步，一摇一摆，爬到半岩石凹处就斜着身子不动了，像是个爬累了的大金龟趴在坑边喝水哩！

这和尚在山里多年，像这样的奇事他还是第一次见过。他又惊又喜，小心翼翼地顺着那条山沟泥路朝前走，越走越近，越看越明。原来是从山上流下来的一棵茶树哩！再仔细一看，这茶树枝干、叶子厚厚实实，油光闪闪。那张开的枝条错落有致，近看像一条条的龟纹，远看更像是个大金龟哩。

这和尚喜煞了，双脚生风地跑回寺里报喜。

一进寺门，这和尚就击鼓鸣钟，召来大小和尚，喜滋滋地说："快快！龙王爷给我们寺里送来了个金枝玉叶。快穿袈裟，焚香点烛去迎宝呀！"

和尚们跟着方丈出了寺门，一路上敲响木鱼磬铙，念着佛经来到牛栏坑，唱起香赞，朝神奇的茶树参拜，祷告茶神"保佑"茶树旺盛，和尚们搬来砖块，恭恭敬敬地砌了一个四方茶座，10天半月地轮流派人来看看这棵茶树，给它培培土，抓抓虫，还点上几支香烛，像供奉神灵般地侍候茶树，好让它为寺里添财进宝。

这金龟一来到人间，便受到如此的礼遇，真是人间天上大不一样啊，它需要的就是这份情啊，金龟可高兴了，心里暖融融的。

再说这金龟也真有眼力，它算是落到金窝里了。牛栏坑这地方，从倒水坑流来的泉水沿着岩壁渗下来，点点滴滴都浇在茶树根上，即使遇上大旱，这里还是水滴不断。那泉水还从岩壁上带来败叶腐草，堆在树兜上，日久就沤成了肥料。这里又是山垅，七分阳，三分阴，那土干干湿湿，湿湿干干，寒暖也很适宜。所有这些，正合金龟的习性，真是独得"天时地利人和"呀！金龟遇到了知己，心情顺着呐。它越长越壮实，绿蓬蓬，亮晶晶，阳光一照，越发像个光闪闪的大金龟了。后来它还被列入武夷岩茶"四大名丛"之一哩！

五、半天腰

原名半天鹞，又名半天夭、半天妖。

武夷山传统"五大珍贵名丛"之一，如图 2-5 所示。无性系，灌木型，中叶类，晚生种。

20×10

图 2-5　半天腰

1. 来源与分布

半天腰原产于三花峰之第三峰绝顶崖上。20 世纪 80 年代以来逐年扩大栽培。国内一些科研、教学单位有引种。

2. 特征

植株较高大，树姿半开张，分枝密。叶片呈水平状着生，叶长 7.0 cm，长椭圆形或椭圆形，叶色浓绿或绿，叶身稍内折，叶主脉粗显，叶面微隆起，叶缘平，叶齿稍钝、浅、稀，叶尖钝尖，叶质较厚脆。芽叶紫红色、茸毛少、节间较短。花冠直径 4.0 cm，6 ~ 7 瓣。柱头比雄蕊稍长，3 裂。在武夷山市龟岩茶树种质资源圃取样，春茶芽下第四叶片解剖结构：上表皮角质层厚度 1.69 μm，上表皮厚度 16.18 μm，栅栏组织层数 2 层，栅栏组织厚度 68.53 μm，海绵组织厚度 142.57 μm，下表皮厚度 13.97 μm，下表皮角质层厚度 1.14 μm，叶片厚度 244.08 μm。

3. 特性

芽叶生育力强，发芽密，持嫩性较强。春茶适采期为 5 月中上旬。

在武夷山市龟岩茶树种质资源圃取样，春茶一芽二叶含茶多酚 29.8%、氨基酸 3.8%、咖啡碱（咖啡因）4.9%、水浸出物 42.7%、黄酮类物质 8.7 mg · g^{-1}，酚氨比值 7.9。2018 年春季在武夷学院茶树种质资源圃取样，主要矿质元素含量见表 2-5。制乌龙茶，品质优异，条索紧实，色泽绿褐润，香气馥郁似蜜香，滋味浓厚回甘，"岩韵"显。

扦插繁殖力强，成活率高。

表 2-5　半天腰主要矿质元素含量　　（单位：mg · kg^{-1}）

元素	Al	B	Ba	Ca	Co	Cr
含量	147.90 ± 27.62	2.58 ± 0.11	2.39 ± 2.81	864.27 ± 33.91	0.26 ± 0.04	0.90 ± 0.14
元素	Cu	Fe	K	Mg	Mn	Na
含量	5.08 ± 0.51	29.62 ± 7.77	8 918.33 ± 194.86	763.88 ± 52.75	368.46 ± 41.06	20.03 ± 3.91
元素	Ni	P	S	Se	Ti	Zn
含量	1.12 ± 0.27	2 445.85 ± 156.98	1 261.45 ± 72.00	0.10 ± 0.04	1.95 ± 0.23	22.03 ± 2.00

知识链接

半天腰的传说

其名来源于明朝成祖永乐年间。据说天心永乐禅寺方丈，一日偶得一梦，梦见一只洁白的鹞，嘴里含着一颗闪光的宝石，被一只巨鹰紧追不舍后将宝石落在三花峰的半山腰上。

为了证实梦的灵验，方丈派了一位小和尚登峰寻找。小和尚从蓑衣峰旁翻越至三花峰顶，而后费尽周折，用绳索爬到了三花峰的半山腰寻找宝石。"功夫不负有心人"，终于在一块突起的峭壁上发现一颗绿色的茶籽，已开始吐芽长根，小和尚小心翼翼地拾起，带回庙中，交给方丈。方丈将茶籽亲自培植，待长到尺余高，仍由小和尚将其移栽上去。因为方丈认为此茶籽系鹞鸟所赐于三花峰的半山腰，不可强占，又似半空中的一株茶，所以命名为"半天鹞"。由于"鹞"与"腰"同音，又因为生长在半山腰上，久而久之就成了"半天腰"，也可叫"半天妖""半天夭"，目前多称之为"半天腰"。

六、铁罗汉

武夷山传统"五大珍贵名丛"之一，如图2-6所示。无性系，灌木型，中叶类，中生种。

1. 来源与分布

铁罗汉原产于内鬼洞，竹窠也有与此齐名之树。相传宋代已有铁罗汉名，为最早的武夷名丛之一。在福建省武夷山已扩大栽培，国内一些科研教学单位有引种。

20×10

图 2-6 铁罗汉

2. 特征

植株较高大，树姿半开张，分枝较密。叶片水平状着生，叶长 8.1 cm，长椭圆形或椭圆形，叶色深绿色，有光泽，叶面微隆起，叶缘微波，叶身平，叶尾稍下垂，叶尖钝尖，叶齿稍钝、浅、密，叶质较厚脆。芽叶黄绿色，有茸毛。花冠直径 3.5 cm，花瓣 6～7 瓣。柱头比雄蕊稍长，3 裂。在武夷山市龟岩茶树种质资源圃取样，春茶芽下第四叶片解剖结构：上表皮角质层厚度 2.48 μm，上表皮厚度 19.74 μm，栅栏组织层数 2 层，栅栏组织厚度 79.76 μm，海绵组织厚度 129.02 μm，下表皮厚度 18.16 μm，下表皮角质层厚度 1.63 μm，叶片厚度 250.79 μm。

3. 特性

芽叶生育力较强，发芽较密，持嫩性较强，春茶适采期4月下旬末。

在武夷山市龟岩茶树种质资源圃取样，春茶一芽二叶含茶多酚 25.8%、氨基酸 4.2%、咖啡碱（咖啡因）3.3%、水浸出物 43.6%、黄酮类物质 7.6 mg·g^{-1}，酚氨比值 6.1。2018 年春季在武夷学院茶树种质资源圃取样，主要矿质元素含量见表2-6。制乌龙茶，品质优，色泽绿褐润，香气浓郁幽长，滋味醇厚甘鲜，"岩韵"显。

抗旱性与抗寒性强。扦插繁殖力强，成活率高。

表 2-6　铁罗汉主要矿质元素含量　　（单位：mg·kg^{-1}）

元素	Al	B	Ba	Ca	Co	Cr
含量	299.13 ± 69.60	6.18 ± 1.74	5.63 ± 2.00	772.61 ± 24.83	0.40 ± 0.20	0.86 ± 0.11
元素	Cu	Fe	K	Mg	Mn	Na
含量	5.95 ± 0.92	38.4 ± 0.50	9 096.67 ± 892.75	875.38 ± 72.51	696.26 ± 192.69	21.77 ± 1.26
元素	Ni	P	S	Se	Ti	Zn
含量	2.13 ± 0.77	2 838.69 ± 54.21	1 199.95 ± 62.25	0.22 ± 0.07	1.68 ± 0.58	18.96 ± 2.95

知识链接

铁罗汉的传说

铁罗汉是闻名遐迩的武夷名丛，深受赞赏，相传某年，王母娘娘在中秋之夜，设宴款待五百罗汉，仙宴非常隆重，菜肴十分丰富，喝的是天宫琼浆美酒，散席时，五百罗汉大都成了醉神仙，走起路来摇摇晃晃，跌跌撞撞，就如世间年节中的秧歌舞。

五百罗汉边走边散，有的仍旧回他的驻地，有的却来到武夷山，途经山的北上空时，那个管铁罗汉的罗汉，神魂颠倒地竟将手中铁罗汉枝弄断，待脑子清醒之时，懊悔不已，想接又接不上，想丢又违反天条，一时没了主意。几个好奇的罗汉，凑近来盘问管铁罗汉的罗汉："何事这般神态？"管铁罗汉的罗汉将折断的铁罗汉枝让众人看，诉说："宴中贪杯，醉中将此铁罗汉枝折断，今后我还怎么管铁罗汉？"众罗汉听后曰："莫恼！莫恼！快求王母。娘娘说个话，佛祖哪会不买账？"说完拉起管铁罗汉的罗汉就走，由于走得太急，又将断枝碰落凡尘，直掉武夷山的慧苑坑里，结果被一位老农捡了去，后来栽在了坑里。第二年，这断枝发芽长了叶，管铁罗汉的罗汉就赶紧托梦给老农，将断枝到成铁罗汉的前后经过和盘托出，并嘱咐今后如何管理、采摘和制作，还一面叫他"切莫毁掉此铁罗汉，日后子孙必得益"，等等。老农梦后告知众山人，山人因此称老农所栽之铁罗汉是"铁罗汉"，从此，一传十，十传百，"罗汉折铁罗汉栽活"的传说便流传开来。

第二节　其他常见武夷名丛

一、雀舌

无性系，灌木型，小叶类，特晚生种。如图 2-7 所示。

1. 来源与分布

雀舌原产于九龙窠，20 世纪 80 年代初从大红袍第一丛母株有性后代中选育而成。当地茶农多有引种，已有较大栽培面积。

2. 特征

植株中等大小，树姿较直立，分枝密。叶片呈稍上斜状着生。叶片长 5.5 cm，披针形，叶色深绿，叶身稍内折，叶质厚脆，叶脉显，叶缘微波，叶齿细密、深、锐，齿间有小朱砂点，叶尖锐尖。芽叶紫绿色，节间较短。花冠直径 3.5 cm，花瓣 6 瓣。柱头比雄蕊稍长，3 裂深。在武夷山市龟岩茶树种

20×10

图 2-7　雀舌

质资源圃取样，春茶芽下第四叶片解剖结构：上表皮角质层厚度 2.01 μm，上表皮厚度 19.23 μm，栅栏组织层数 1～2 层，栅栏组织厚度 74.29 μm，海绵组织厚度 136.57 μm，下表皮厚度 17.26 μm，下表皮角质层厚度 1.76 μm，叶片厚度 251.12 μm。

3. 特性

芽叶生育力中等，发芽密度较密，持嫩性强。春茶适采期 5 月中旬。

在武夷山市龟岩茶树种质资源圃取样，春茶一芽二叶含茶多酚 34.3%、氨基酸 3.5%、咖啡碱（咖啡因）3.7%、水浸出物 47.0%、黄酮类物质

$5.6\,\mathrm{mg}\cdot\mathrm{g}^{-1}$，酚氨比值9.9。制乌龙茶，品质优异，条索紧实，制优率高，香气馥郁芬芳幽长，百合花或栀子花型香显，滋味醇厚甘甜，"岩韵"显。

扦插繁殖力强，成活率高。在低湿处种植易罹病，选择土层深厚肥沃、排灌条件好的土地栽培，适当缩小行距，合理密植。

二、玉麒麟

无性系，灌木型，小叶类，中生种。如图2-8所示。

20×10

图2-8　玉麒麟

1. 来源与分布

玉麒麟原产外九龙窠。群体已扩大引种栽培。

2. 特征

植株较高大，树姿较直立，分枝较密。叶片呈稍上斜状着生。叶色绿而有光泽，叶长 6.7 cm，椭圆形，叶身平张，叶脉沉，叶面微隆，似龟背纹。叶质厚软，叶缘平直，叶齿稀、浅、钝，叶尖钝尖。芽叶黄绿色或淡紫色。花冠直径 3.9 cm，花瓣 7 ～ 8 瓣。花柱与雄蕊等长，3 裂较深。在武夷山市龟岩茶树种质资源圃取样，春茶芽下第四叶片解剖结构：上表皮角质层厚度 2.20 μm，上表皮厚度 17.07 μm，栅栏组织层数 2 层，栅栏组织厚度 78.94 μm，海绵组织厚度 137.04 μm，下表皮厚度 17.47 μm，下表皮角质层厚度 1.45 μm，叶片厚度 254.17 μm。

3. 特性

芽叶生育力强，发芽密，持嫩性强，春茶适采期 4 月下旬。

在武夷山市龟岩茶树种质资源圃取样，春茶一芽二叶含茶多酚 31.0%、氨基酸 2.6%、咖啡碱（咖啡因）4.4%、水浸出物 44.7%、黄酮类物质 8.1 mg·g^{-1}，酚氨比值 12.1。2018 年春季在武夷学院茶树种质资源圃取样，主要矿质元素含量见表 2-7。制乌龙茶，品质优异，条索紧结重实，色泽绿褐润，特有品种香气浓郁幽长，滋味醇厚甘爽，"岩韵"显。

扦插繁殖力较强，成活率高。抗旱性与抗寒性强，忌低湿地栽培。

表 2-7　玉麒麟主要矿质元素含量　　（单位：mg·kg^{-1}）

元素	Al	B	Ba	Ca	Co	Cr
含量	218.62 ± 21.54	6.14 ± 1.21	5.60 ± 0.57	1 016.44 ± 95.31	0.65 ± 0.28	1.02 ± 0.11
元素	Cu	Fe	K	Mg	Mn	Na
含量	5.89 ± 0.66	42.03 ± 3.62	11 163.33 ± 965.02	913.21 ± 49.98	619.09 ± 128.76	22.08 ± 3.36
元素	Ni	P	S	Se	Ti	Zn
含量	2.05 ± 0.45	2 836.19 ± 158.18	1 240.61 ± 53.78	0.27 ± 0.09	2.17 ± 0.38	18.02 ± 1.65

三、向天梅

无性系，灌木型，中叶类，中生种。如图 2-9 所示。

20×10

图 2-9　向天梅

1. 来源与分布

向天梅原产于北斗峰。其群体已引入生产栽培。

2. 特征

植株较高大，树姿半开张，分枝较密。叶片呈稍上斜状着生。叶长 7.2 cm，椭圆形或长椭圆形，叶色深绿，叶主脉粗显，叶面光滑，叶身稍内折，叶缘平直，叶齿浅、钝、密，叶质厚软，叶尖渐尖或锐尖。芽叶绿色、有茸毛。花冠直径 4.5 cm，花瓣 6～8 瓣。柱头比雄蕊稍长，3 裂。在武夷山市龟岩茶树种质资源圃取样，春茶芽下第四叶片解剖结构：上表皮角质层厚度 2.16 μm，上表皮厚度 19.71 μm，栅栏组织层数 1～2 层，栅栏组织厚度 77.16 μm，海绵组织厚度 120.82 μm，下表皮厚度 20.06 μm，下表皮角质层厚度 1.41 μm，叶片厚度 241.32 μm。

3. 特性

芽叶生育力强，发芽较密，芽叶肥壮，持嫩性强，长势旺，产量高。春茶适采期 4 月下旬。

在武夷山市龟岩茶树种质资源圃取样，春茶一芽二叶含茶多酚 28.1%、氨基酸 2.4%、咖啡碱（咖啡因）3.1%、水浸出物 42.0%、黄酮类物质 12.0 mg·g^{-1}，酚氨比值 11.6。2018 年春季在武夷学院茶树种质资源圃取样，主要矿质元素含量见表 2-8。制乌龙茶，品质优异，条索肥实，色泽绿褐润，青梅果型香显，馥郁幽长，滋味浓厚甘鲜，"岩韵"显。

扦插繁殖力强，成活率较高。

表 2-8　向天梅主要矿质元素含量　　（单位：mg·kg^{-1}）

元素	Al	B	Ba	Ca	Co	Cr
含量	211.50 ± 53.10	5.94 ± 1.52	5.73 ± 2.90	865.77 ± 42.13	0.55 ± 0.05	1.10 ± 0.07
元素	Cu	Fe	K	Mg	Mn	Na
含量	5.64 ± 0.67	51.74 ± 2.04	11 241.67 ± 744.85	991.88 ± 71.11	561.66 ± 113.7	32.73 ± 4.48
元素	Ni	P	S	Se	Ti	Zn
含量	1.44 ± 0.12	3 066.85 ± 42.52	1 441.11 ± 100.55	0.23 ± 0.04	2.77 ± 0.13	22.86 ± 4.60

四、老君眉

无性系，灌木型、小叶类、中生种。如图 2-10 所示。

20×10

图 2-10　老君眉

1. 来源与分布

老君眉原产于九龙窠，相传源自清初。原系天心永乐禅寺一寺僧所选育，并单独管理采制。1980 年经由该寺僧的弟子（俗名"妹仔"，当时综合农场守护大红袍的职工）指引，在原种植处查得幸存原始母株。该茶现已扩大群体植于岩山。

2. 特征

植株中等大小，树姿半开张，分枝较密。叶片水平状着生。叶片长 6.8 cm、长椭圆形，叶色深绿光亮，叶身较平张、叶质厚硬，主脉粗显，侧脉稍沉，叶缘直或微波，叶齿较钝、稀、浅，叶尾稍弯下垂，叶尖钝尖。芽叶绿色或淡黄绿色，有茸毛。花冠直径 3.0 cm，花瓣 7～8 瓣。柱头紫红、比雄蕊稍长，3 裂。在武夷山市龟岩茶树种质资源圃取样，春茶芽下第四叶片解剖结构：上表皮角质层厚度 2.64 μm，上表皮厚度 16.48 μm，栅栏组织层数 2 层，栅栏组织厚度 70.11 μm，海绵组织厚度 110.52 μm，下表皮厚度 15.85 μm，下表皮角质层厚度 1.74 μm，叶片厚度 217.34 μm。

3. 特性

芽叶生育力强，发芽密，持嫩性强。春茶适采期 4 月下旬。

在武夷山市龟岩茶树种质资源圃取样，春茶一芽二叶含茶多酚 28.8%、氨基酸 3.3%、咖啡碱（咖啡因）3.6%、水浸出物 42.0%、黄酮类物质 9.3 mg·g^{-1}，酚氨比值 8.6。2018 年春季在武夷学院茶树种质资源圃取样，主要矿质元素含量见表 2-9。

扦插繁殖力强，成活率高。

表 2-9　老君眉主要矿质元素含量　（单位：mg·kg^{-1}）

元素	Al	B	Ba	Ca	Co	Cr
含量	316.35 ± 14.91	4.59 ± 0.91	4.31 ± 1.97	824.94 ± 148.24	0.31 ± 0.05	1.13 ± 0.34
元素	Cu	Fe	K	Mg	Mn	Na
含量	4.88 ± 0.47	91.57 ± 0.04	7 791.67 ± 752.34	1 050.71 ± 165.36	575.09 ± 92.11	35.10 ± 7.12
元素	Ni	P	S	Se	Ti	Zn
含量	1.31 ± 0.23	2 628.19 ± 101.11	1 436.95 ± 54.50	0.16 ± 0.09	4.02 ± 1.72	21.10 ± 3.08

五、正太阴

无性系，小乔木型，中叶类，晚生种。如图 2-11 所示。

20×10

图 2-11　正太阴

1. 来源与分布

正太阴原产于外鬼洞上部圆形茶地，水沟从中间拐弯流下，右边上角处长一名丛正太阳，左边下角处长名丛正太阴，形似八卦，而正太阴、正太阳恰似阴阳鱼之眼，料想古人取该茶名盖由此原因。

2. 特征

植株较高大,树姿半开张,主干较显,分枝较密。叶片呈水平或稍上斜状着生。叶片长 7.1 cm,长椭圆形或椭圆形,叶身平张,叶主脉粗,叶脉沉,叶面微隆,似龟背纹,叶质厚脆,叶缘平直,叶齿较稀、钝、浅,叶尖圆尖或钝尖。芽叶肥大,绿色或黄绿色,茸毛较密。花冠直径 3.6 cm,花瓣 6 ～ 7 瓣。柱头稍短于雄蕊,3 裂。在武夷山市龟岩茶树种质资源圃取样,春茶芽下第四叶片解剖结构:上表皮角质层厚度 2.50 μm,上表皮厚度 13.24 μm,栅栏组织层数 2 层,栅栏组织厚度 69.71 μm,海绵组织厚度 111.03 μm,下表皮厚度 13.88 μm,下表皮角质层厚度 1.29 μm,叶片厚度 211.65 μm。

3. 特性

芽叶生育力强,发芽密,产量高,持嫩性强。春茶适采期 5 月上旬。

在武夷山市龟岩茶树种质资源圃取样,春茶一芽二叶含茶多酚 26.1%、氨基酸 3.3%、咖啡碱(咖啡因)4.4%、水浸出物 41.8%、黄酮类物质 8.1 mg·g^{-1},酚氨比值 8.0。2018 年春季在武夷学院茶树种质资源圃取样,主要矿质元素含量见表 2-10。制乌龙茶,品质特优,条索肥实粗壮,色泽乌绿润,特有香型显而幽长,滋味醇厚回甘,"岩韵"显。

扦插繁殖力强,成活率较高。

表 2-10　正太阴主要矿质元素含量　　（单位：mg·kg^{-1}）

元素	Al	B	Ba	Ca	Co	Cr
含量	260.73 ± 3.38	2.59 ± 0.11	4.76 ± 4.53	819.61 ± 66.56	0.51 ± 0.02	1.03 ± 0.15
元素	Cu	Fe	K	Mg	Mn	Na
含量	4.93 ± 0.07	25.88 ± 22.42	6 885.00 ± 545.07	888.55 ± 51.07	481.61 ± 13.82	24.47 ± 0.74
元素	Ni	P	S	Se	Ti	Zn
含量	1.48 ± 0.14	2 146.85 ± 66.36	994.45 ± 41.04	0.23 ± 0.03	2.53 ± 0.38	16.87 ± 0.09

六、玉井流香

无性系，灌木型，中叶类，晚生种。如图 2-12 所示。

20×10

图 2-12　玉井流香

1. 来源与分布

玉井流香原产于内鬼洞。

2. 特征

植株大小适中，树姿较开张，分枝较密。叶片水平状着生。叶片长7.3 cm，长椭圆形或椭圆形，叶色深绿，叶身平张，叶脉沉，叶面微隆，叶质厚软，叶缘直少有微波，叶齿较稀、深、锐，叶尖渐尖。芽叶黄绿色，稍背卷，茸毛稀。花冠直径3.7 cm，花瓣6～7瓣。柱头比雄蕊稍长，3裂深。在武夷山市龟岩茶树种质资源圃取样，春茶芽下第四叶片解剖结构：上表皮角质层厚度2.72 μm，上表皮厚度16.12 μm，栅栏组织层数1～2层，栅栏组织厚度60.76 μm，海绵组织厚度112.10 μm，下表皮厚度16.05 μm，下表皮角质层厚度1.69 μm，叶片厚度209.44 μm。

3. 特性

芽叶生育力强，发芽较稀，持嫩性强。春茶适采期5月初。

在武夷山市龟岩茶树种质资源圃取样，春茶一芽二叶含茶多酚28.9%、氨基酸3.2%、咖啡碱（咖啡因）3.6%、水浸出物42.6%、黄酮类物质11.3 mg·g^{-1}，酚氨比值9.2。2018年春季在武夷学院茶树种质资源圃取样，主要矿质元素含量见表2-11。制乌龙茶，品质优异，条索紧实，色泽绿褐润，香气馥郁芬芳，滋味浓醇，"岩韵"显。

扦插繁殖力较强，成活率较高。

表 2-11　玉井流香主要矿质元素含量　　　（单位：mg·kg^{-1}）

元素	Al	B	Ba	Ca	Co	Cr
含量	146.98 ± 40.54	3.55 ± 1.40	5.30 ± 4.65	727.11 ± 25.77	0.28 ± 0.15	0.82 ± 0.10
元素	Cu	Fe	K	Mg	Mn	Na
含量	7.25 ± 0.54	37.40 ± 1.73	7 880.00 ± 943.07	868.21 ± 125.89	465.52 ± 109.12	25.29 ± 4.90
元素	Ni	P	S	Se	Ti	Zn
含量	1.63 ± 0.31	2 803.02 ± 49.88	1 201.61 ± 45.50	0.18 ± 0.10	1.63 ± 0.18	19.76 ± 0.48

七、留兰香

无性系，灌木型，小叶类，晚生种。如图 2-13 所示。

20×10

图 2-13 留兰香

1. 来源与分布

留兰香原产于九龙窠，其群体已扩大生产栽培。

2. 特征

植株较高大，树姿半开张，分枝较密，枝干较粗壮，叶片呈水平状着生。叶片长 6.0 cm，椭圆形，叶色深绿，叶身较平，主脉粗显，叶脉稍沉，叶面光滑，叶质厚脆，叶缘平，叶齿较稀、浅、锐，叶尖渐尖或钝尖。芽叶肥壮，绿色。花冠直径 5.2 cm，花瓣 6～7 瓣。柱头比雄蕊稍长，3 裂深。在武夷山市龟岩茶树种质资源圃取样，春茶芽下第四叶片解剖结构：上表皮角质层厚度 1.96 μm，上表皮厚度 20.72 μm，栅栏组织层数 2 层，栅栏组织厚度 69.08 μm，海绵组织厚度 127.76 μm，下表皮厚度 17.35 μm，下表皮角质层厚度 1.75 μm，叶片厚度 238.62 μm。

3. 特性

芽叶生育力强，发芽密，产量高，持嫩性较强。春茶适采期 5 月上旬。

在武夷山市龟岩茶树种质资源圃取样，春茶一芽二叶含茶多酚 29.6%、氨基酸 3.9%、咖啡碱（咖啡因）5.4%、水浸出物 41.0%、黄酮类物质 9.4 mg·g^{-1}，酚氨比值 7.6。2018 年春季在武夷学院茶树种质资源圃取样，主要矿质元素含量见表 2-12。制乌龙茶，品质优异，条索紧实，色泽乌褐润，香气浓郁似兰花型香，滋味醇而甘鲜，"岩韵"显。

抗旱性和抗寒性强。扦插繁殖力强，成活率高。

表 2-12 留兰香主要矿质元素含量　　（单位：mg·kg^{-1}）

元素	Al	B	Ba	Ca	Co	Cr
含量	179.37 ± 30.94	4.96 ± 1.05	2.92 ± 1.55	809.61 ± 47.18	0.34 ± 0.03	0.96 ± 0.08
元素	Cu	Fe	K	Mg	Mn	Na
含量	6.28 ± 0.60	43.01 ± 2.12	9 521.67 ± 679.16	842.21 ± 75.67	510.92 ± 45.61	32.84 ± 10.64
元素	Ni	P	S	Se	Ti	Zn
含量	1.56 ± 0.30	2 631.52 ± 41.4	1 295.78 ± 67.74	0.27 ± 0.02	1.85 ± 1.16	21.04 ± 0.66

八、金锁匙

无性系，灌木型，中叶类，中生种。如图 2-14 所示。

20×10

图 2-14　金锁匙

1. 来源与分布

金锁匙原产于弥陀岩，山前等多处亦有齐名之茶树，岩山多有栽种，有百年以上历史。20 世纪 80 年代以来，武夷山有一定面积栽培。国内一些科研、教学单位有引种。

2. 特征

植株大小适中，树姿半开张，分枝密。叶片水平状着生。叶片长 7.0 cm，椭圆形，叶色绿，叶面较平张，富光泽，主脉较显，叶质稍厚脆，叶齿密、浅、稍钝，叶尖钝尖，有小浅裂。芽叶黄绿色，有茸毛，节间较短。花冠直径 3.9 cm，花瓣 6～7 瓣。柱头比雄蕊稍长，3 裂。在武夷山市龟岩茶树种质资源圃取样，春茶芽下第四叶片解剖结构：上表皮角质层厚度 2.80 μm，上表皮厚度 17.38 μm，栅栏组织层数 2～3 层，栅栏组织厚度 83.25 μm，海绵组织厚度 126.91 μm，下表皮厚度 19.63 μm，下表皮角质层厚度 1.58 μm，叶片厚度 251.55 μm。

3. 特性

芽叶生育力强，发芽密，持嫩性强，春茶适采期 4 月下旬。

2018 年春季在武夷学院茶树种质资源圃取样，主要矿质元素含量见表 2-13。制乌龙茶，品质优异，条索紧实，色泽绿褐润，香气高强鲜爽，滋味醇厚回甘，"岩韵"显。

扦插繁殖力强，成活率高。抗旱性与抗寒性较强。

表 2-13 金锁匙主要矿质元素含量 （单位：mg · kg^{-1}）

元素	Al	B	Ba	Ca	Co	Cr
含量	202.57 ± 14.05	3.60 ± 0.72	9.23 ± 1.91	895.61 ± 76.21	0.39 ± 0.12	1.45 ± 0.61
元素	Cu	Fe	K	Mg	Mn	Na
含量	5.32 ± 1.30	35.94 ± 4.16	6 058.33 ± 585.67	837.21 ± 204.02	403.99 ± 105.11	25.21 ± 10.41
元素	Ni	P	S	Se	Ti	Zn
含量	1.13 ± 0.29	2 633.85 ± 687.38	1 243.95 ± 9.61	0.26 ± 0.01	1.81 ± 0.62	17.09 ± 1.37

九、白牡丹

又名武夷白牡丹。无性系，灌木型，中叶类，晚生种。如图2-15所示。

20×10

图2-15　白牡丹

1. 来源与分布

白牡丹原产于马头岩水洞口，兰谷岩也有齐名茶树，已有近百年栽培历史，主要分布在内山（岩山），有一定面积栽培。国内一些科研、教学单位有引种。

2. 特征

植株较高大,树姿半开张,分枝密。叶片呈水平状着生。叶片长 7.9 cm,长椭圆形,叶色绿,有光泽,叶身稍内折,叶主脉粗显,叶面微隆起,叶质较厚脆,叶缘稍平或微波,叶齿浅、稍锐、密,叶尖钝尖,有小浅裂。芽叶淡紫绿色。花冠直径 5.5 cm,花瓣多为 7 瓣。柱头比雄蕊稍长,3 裂。在武夷山市龟岩茶树种质资源圃取样,春茶芽下第四叶片解剖结构:上表皮角质层厚度 2.89 μm,上表皮厚度 19.66 μm,栅栏组织层数 2 层,栅栏组织厚度 74.28 μm,海绵组织厚度 117.11 μm,下表皮厚度 20.58 μm,下表皮角质层厚度 1.96 μm,叶片厚度 236.48 μm。

3. 特性

芽叶生育力强,发芽密,持嫩性较强。春茶适采期 5 月上旬初。

在武夷山市龟岩茶树种质资源圃取样,春茶一芽二叶含茶多酚 36.9%、氨基酸 2.9%、咖啡碱(咖啡因)2.9%、水浸出物 48.5%、黄酮类物质 7.2 mg·g^{-1},酚氨比值 12.8。2018 年春季在武夷学院茶树种质资源圃取样,主要矿质元素含量见表 2-14。制乌龙茶,条索紧结,色泽黄绿褐润,香气浓郁幽长似兰花香,滋味醇厚甘甜,"岩韵"显。

扦插繁殖力强,成活率高,抗旱性与抗寒性较强。

表 2-14 白牡丹主要矿质元素含量 （单位：mg·kg^{-1}）

元素	Al	B	Ba	Ca	Co	Cr
含量	271.55 ± 19.96	4.00 ± 2.14	6.69 ± 1.44	849.27 ± 45.8	0.67 ± 0.10	0.86 ± 0.08
元素	Cu	Fe	K	Mg	Mn	Na
含量	6.58 ± 1.06	60.9 ± 2.87	7 209.17 ± 794.92	1 000.88 ± 272.56	625.09 ± 5.80	26.67 ± 7.43
元素	Ni	P	S	Se	Ti	Zn
含量	2.19 ± 0.16	2 450.52 ± 48.41	1 499.95 ± 84.87	0.27 ± 0.13	2.08 ± 0.31	16.77 ± 3.16

十、瓜子金

无性系，灌木型，小叶类，晚生种。如图 2-16 所示。

20×10

图 2-16　瓜子金

1. 来源与分布

瓜子金原产于北斗峰，天游岩也有齐名茶树。

2. 特征

植株中等，树姿半开张，分枝密。叶片呈水平状着生。叶长 6.9 cm，长椭圆形，叶色淡绿，叶身平张，叶脉稍沉，叶肉微隆起，叶缘平，叶齿密、浅，叶尖锐尖。叶质较脆。芽叶淡紫绿色、呈稍背卷状。花冠直径 3.4 cm，花瓣 6～7 瓣。柱头比雄蕊稍长，3 裂。在武夷山市龟岩茶树种质资源圃取样，春茶芽下第四叶片解剖结构：上表皮角质层厚度 2.24 μm，上表皮厚度 19.92 μm，栅栏组织层数 2 层，栅栏组织厚度 76.41 μm，海绵组织厚度 131.45 μm，下表皮厚度 16.70 μm，下表皮角质层厚度 1.20 μm，叶片厚度 247.92 μm。

3. 特性

芽叶生育力中等，芽头密而整齐，持嫩性中等，春茶适采期 5 月上旬初。

在武夷山市龟岩茶树种质资源圃取样，春茶一芽二叶含茶多酚 30.3%、氨基酸 3.7%、咖啡碱（咖啡因）4.5%、水浸出物 45.2%、黄酮类物质 10.2 mg·g^{-1}，酚氨比值 8.2。2018 年春季在武夷学院茶树种质资源圃取样，主要矿质元素含量见表 2-15。制乌龙茶，品质优异，香气浓郁细长，似熟瓜囊香，滋味醇厚鲜爽，"岩韵"显。

扦插繁殖力强，成活率较高。

表 2-15　瓜子金主要矿质元素含量　（单位：mg·kg^{-1}）

元素	Al	B	Ba	Ca	Co	Cr
含量	226.92 ± 5.48	3.96 ± 1.15	3.68 ± 0.94	864.27 ± 104.61	0.59 ± 0.03	0.96 ± 0.18
元素	Cu	Fe	K	Mg	Mn	Na
含量	5.88 ± 0.39	45.54 ± 2.03	11 008.33 ± 720.72	995.71 ± 118.22	438.46 ± 22.00	24.02 ± 4.36
元素	Ni	P	S	Se	Ti	Zn
含量	1.26 ± 0.18	2 526.52 ± 118.94	1 295.95 ± 141.45	0.27 ± 0.08	2.00 ± 0.13	18.31 ± 1.95

十一、状元红

无性系，灌木型，中叶类，中生种。如图 2-17 所示。

20×10

图 2-17　状元红

1. 来源与分布

状元红原产于状元岭。

2. 特征

植株较高大，树姿半开张，分枝中等偏稀。叶片呈水平状着生。叶长6.3 cm，长椭圆形，叶色淡绿，叶身不平稍内折，叶缘波，叶脉沉，叶面微隆，叶质厚脆，叶齿浅、密、钝，叶尖钝尖有小开裂。芽叶紫红色，茸毛较密，节稍长。花冠直径3.3 cm，花瓣6～7瓣。柱头比雄蕊稍长，3裂。在武夷山市龟岩茶树种质资源圃取样，春茶芽下第四叶片解剖结构：上表皮角质层厚度2.52 μm，上表皮厚度19.99 μm，栅栏组织层数1层，栅栏组织厚度51.16 μm，海绵组织厚度128.53 μm，下表皮厚度17.57 μm，下表皮角质层厚度1.93 μm，叶片厚度221.70 μm。

3. 特性

芽叶生育力强，发芽较密，持嫩性较强。春茶适采期4月下旬。

在武夷山市龟岩茶树种质资源圃取样，春茶一芽二叶含茶多酚28.9%、氨基酸2.9%、咖啡碱（咖啡因）4.4%、水浸出物44.2%、黄酮类物质8.5 mg·g^{-1}，酚氨比值9.9。2018年春季在武夷学院茶树种质资源圃取样，主要矿质元素含量见表2-16。

表2-16　状元红主要矿质元素含量 　　（单位：mg·kg^{-1}）

元素	Al	B	Ba	Ca	Co	Cr
含量	298.23 ± 13.23	2.49 ± 0.49	4.58 ± 1.62	925.61 ± 64.08	0.61 ± 0.05	1.10 ± 0.08
元素	Cu	Fe	K	Mg	Mn	Na
含量	4.23 ± 0.15	49.68 ± 1.05	7 736.67 ± 851.56	962.38 ± 87.84	668.09 ± 41.39	33.57 ± 6.19
元素	Ni	P	S	Se	Ti	Zn
含量	1.06 ± 0.08	2 007.35 ± 148.61	1 110.95 ± 108.15	0.29 ± 0.08	2.00 ± 0.25	16.14 ± 1.72

十二、醉贵姬

无性系，灌木型，小叶类，中生种。如图 2-18 所示。

图 2-18　醉贵姬

1. 来源与分布

醉贵姬原产于内鬼洞。其群体已在岩山引种。

2. 特征

植株大小中等，树姿半开张，分枝较细密。叶片水平状着生。叶长 4.9 cm，椭圆形，叶色深绿、光亮，叶身较平张，叶缘少有微波，叶主脉显，叶面平滑或微隆，叶质厚软，叶齿密、浅、锐，叶尖钝尖。芽叶黄绿色，背有茸毛。花冠直径 4.3 cm，花瓣 7～8 瓣。柱头比雄蕊稍长，3 裂。在武夷山市龟岩茶树种质资源圃取样，春茶芽下第四叶片解剖结构：上表皮角质层厚度 2.17 μm，上表皮厚度 20.58 μm，栅栏组织层数 2 层，栅栏组织厚度 74.31 m，海绵组织厚度 140.53 μm，下表皮厚度 17.50 μm，下表皮角质层厚度 1.27 μm，叶片厚度 256.36 μm。

3. 特性

芽叶生育力强，发芽较密，持嫩性强，春茶适采期 4 月下旬末。

在武夷山市龟岩茶树种质资源圃取样，春茶一芽二叶含茶多酚 25.2%、氨基酸 5.9%、咖啡碱（咖啡因）3.7%、水浸出物 41.3%、黄酮类物质 6.4 mg·g^{-1}，酚氨比值 4.3。2018 年春季在武夷学院茶树种质资源圃取样，主要矿质元素含量见表 2-17。制乌龙茶，品质优异，条索紧结，色泽绿褐润，特有香型浓郁，滋味醇厚甘鲜，"岩韵"显，制优率较高。

扦插繁殖力强，成活率较高。栽培地忌低湿积水。

表 2-17 醉贵姬主要矿质元素含量 　　　　（单位：mg·kg^{-1}）

元素	Al	B	Ba	Ca	Co	Cr
含量	281.17 ± 26.85	3.68 ± 0.14	4.76 ± 1.21	1 132.61 ± 96.43	0.68 ± 0.07	1.10 ± 0.43
元素	Cu	Fe	K	Mg	Mn	Na
含量	6.38 ± 0.11	55.19 ± 0.98	8 685.33 ± 907.94	872.38 ± 45.27	658.92 ± 46.33	26.16 ± 3.56
元素	Ni	P	S	Se	Ti	Zn
含量	2.72 ± 0.35	2 046.69 ± 154.48	1 594.95 ± 101.93	0.34 ± 0.04	2.42 ± 0.57	29.00 ± 1.69

十三、胭脂柳

无性系，灌木型，小叶类，特晚生种。如图 2-19 所示。

20×10

图 2-19　胭脂柳

1. 来源与分布

胭脂柳原产于北斗峰。其群体已在岩山引种栽培。

2. 特征

植株大小中等，树姿半开张，分枝较密。叶片水平状着生。叶长 6.2 cm，长椭圆形，叶色深绿，叶身较平张，叶脉稍沉，叶面有凹凸，叶质较厚软，叶缘平或微波，叶齿密、浅、锐，叶尖渐尖。芽叶紫红色，背有茸毛。花冠直径 3.8 cm，花瓣 6 ～ 7 瓣，较开张或稍背卷。柱头比雄蕊稍长，3 裂深。在武夷山市龟岩茶树种质资源圃取样，春茶芽下第四叶片解剖结构：上表皮角质层厚度 2.92 μm，上表皮厚度 21.64 μm，栅栏组织层数 1 ～ 2 层，栅栏组织厚度 86.45 μm，海绵组织厚度 126.33 μm，下表皮厚度 18.11 μm，下表皮角质层厚度 1.71 μm，叶片厚度 257.16 μm。

3. 特性

芽叶生育力强，发芽密，持嫩性强，春茶适采期 5 月中旬。

在武夷山市龟岩茶树种质资源圃取样，春茶一芽二叶含茶多酚 31.7%、氨基酸 2.7%、咖啡碱（咖啡因）2.8%、水浸出物 43.3%、黄酮类物质 6.8 mg·g^{-1}，酚氨比值 11.7。2018 年春季在武夷学院茶树种质资源圃取样，主要矿质元素含量见表 2-18。制乌龙茶，品质优，条索细而紧实，特殊香型芬芳幽长，滋味醇厚甘鲜，"岩韵"显。

扦插繁殖力较强，成活率较高。

表 2-18 胭脂柳主要矿质元素含量 （单位：mg·kg^{-1}）

元素	Al	B	Ba	Ca	Co	Cr
含量	205.54 ± 29.75	5.98 ± 0.56	2.87 ± 2.62	824.76 ± 11.80	0.26 ± 0.02	0.99 ± 0.05
元素	Cu	Fe	K	Mg	Mn	Na
含量	6.76 ± 1.77	36.58 ± 2.94	6 592.58 ± 931.29	549.89 ± 503.89	660.69 ± 136.26	47.41 ± 1.89
元素	Ni	P	S	Se	Ti	Zn
含量	1.85 ± 0.25	2 718.35 ± 31.32	1 441.78 ± 82.29	0.25 ± 0.11	1.37 ± 0.48	14.84 ± 0.43

十四、北斗

无性系，灌木型，中叶类，中生种。如图 2-20 所示。

20×10

图 2-20　北斗

1. 来源与分布

北斗原产于北斗峰，系姚月明于 20 世纪 60 年代所选育，曾名北斗一号，岩山多有引种栽培。国内一些科研、教学单位有引种。

2. 特征

植株尚高大，树姿半开张，分枝较密。叶片水平状或稍下垂状着生。叶片长 7.3 cm，椭圆形，叶色绿，富光泽，主脉较显而沉，叶面平或微隆起，叶质较厚软，叶缘平或微波，叶齿较钝、深、密，叶尖骤尖或圆尖。芽叶黄绿色或淡紫绿色，茸毛较少，节间较短。花冠直径 4.1 cm，花瓣 7～8 瓣。柱头比雄蕊稍长，3 裂。在武夷山市龟岩茶树种质资源圃取样，春茶芽下第四叶片解剖结构：上表皮角质层厚度 3.05 μm，上表皮厚度 16.56 μm，栅栏组织层数 2 层，栅栏组织厚度 88.86 μm，海绵组织厚度 143.29 μm，下表皮厚度 17.12 μm，下表皮角质层厚度 1.44 μm，叶片厚度 270.32 μm。

3. 特性

芽叶生育力强，发芽密，持嫩性强。春茶适采期为 4 月中旬末至下旬初。

2018 年春季在武夷学院茶树种质资源圃取样，主要矿质元素含量见表 2-19。制乌龙茶，品质优，色泽绿褐润，香气浓郁鲜爽，滋味浓厚回甘，"岩韵"显。

抗旱性与抗寒性强，扦插繁殖力强，成活率高。

表 2-19　北斗主要矿质元素含量　（单位：mg·kg^{-1}）

元素	Al	B	Ba	Ca	Co	Cr
含量	168.12 ± 15.21	3.28 ± 0.27	5.60 ± 1.70	790.11 ± 58.74	0.29 ± 0.03	0.93 ± 0.12
元素	Cu	Fe	K	Mg	Mn	Na
含量	6.01 ± 0.52	40.23 ± 4.02	6 208.83 ± 897.37	958.38 ± 95.61	449.17 ± 44.25	20.08 ± 1.58
元素	Ni	P	S	Se	Ti	Zn
含量	1.45 ± 0.13	2 859.35 ± 52.12	1 155.61 ± 42.02	0.18 ± 0.06	2.28 ± 0.05	29.32 ± 2.28

第三章 引进的茶树品种资源生物学性状

- 国家审（认、鉴）定的乌龙茶品种
- 福建省审（认、鉴）定的乌龙茶品种

截至目前，福建省茶叶科技人员共选育出乌龙茶品种 29 份，其中国家级 18 份、省级 11 份，为乌龙茶产业的发展做出了重要贡献。这些乌龙茶品种资源中，有 17 份在武夷山茶区有较大规模的推广种植面积，其中除了大红袍、肉桂是武夷山本地茶树品种之外，福建水仙、瑞香、黄观音（茗科 2 号）、茗科 1 号、金牡丹、黄玫瑰等 11 份国家级茶树品种和白芽奇兰、佛手、九龙袍、紫玫瑰 4 份省级茶树品种均为引进品种。这些品种为丰富武夷岩茶产品品类和提高武夷山茶产业的经济效益做出了重要贡献。

本章从农艺性状、叶片解剖结构、生化成分、矿质元素和制茶品质等方面，对引进到武夷山的主要乌龙茶品种资源的特征、特性、适栽地区和栽培要点进行介绍，并配有相关图片。

第一节 国家审（认、鉴）定的乌龙茶品种

一、福建水仙

又名水吉水仙、武夷水仙。无性系，小乔木型，大叶类，晚生种。如图 3-1 所示。

1. 来源与分布

福建水仙原产于福建省建阳市小湖乡大湖村，已有 100 多年栽培史。主要分布于福建省北部、南部。20 世纪 60 年代后，福建全省和台湾、广东、浙江、江西、安徽、湖南、四川等省有引种。1985 年通过全国农作物品种审定委员会审定，编号 GS 13009-1985。

2. 特征

植株高大，树姿半开张，主干明显，分枝稀，叶片呈水平状着生，长

20×10

图 3-1　福建水仙

椭圆形或椭圆形，叶色深绿，富光泽，叶面平，叶缘平稍呈波状，叶尖渐尖，叶齿较锐、深、密，叶质厚、硬脆。在福建省福安市社口镇调查，始花期通常在 10 月上旬，盛花期在 10 月下旬，花量少，结实率极低。花冠直径 4.05 cm，花瓣 7 瓣，子房茸毛多，花柱 3 裂。花粉粒大小（极轴长 × 赤道轴长）51.16 μm × 29.40 μm，萌发孔为 3 孔沟，极面观近圆形；外壁纹饰拟网状，网脊隆起，宽窄不均，由小块密集而成，脊面较光滑，网眼较小，呈圆形，脊洼较深，有少量穿孔。果实为球形，果实直径 1.53cm ± 0.19 cm，果皮厚度 0.15 cm ± 0.018 cm，种子为球形，种径 1.47 cm ± 0.14 cm，种皮为棕色，百粒重 109.44 g ± 6.06 g。2018 年在武夷学院茶树种质资源圃取样，春茶芽下第四叶片解剖结构：上表皮角质层厚度 2.75 μm，上表皮厚度 22.70 μm，栅栏组织层数 1 ～ 2 层，栅栏组织厚度 102.20 μm，海绵组织厚度 150.08 μm，下表皮厚度 19.61 μm，下表皮角质层厚度 1.97 μm，叶片厚度 299.31 μm。

3. 特性

春季萌发期迟，2010 年和 2011 年在福建省福安市社口镇观测发现，一芽二叶初展期分别出现于 3 月 26 日和 4 月 11 日。芽叶生育力较强，发芽密度稀，持嫩性较强，淡绿色，较肥壮，茸毛较多，节间长，一芽三叶百芽重 112.0 g。在福建省福安市社口镇取样，2 年平均春茶一芽二叶含茶多酚 17.6%、氨基酸 3.3%、咖啡碱（咖啡因）4.0%、水浸出物 50.5%，酚氨比值 5.3。2018 年春季在武夷学院茶树种质资源圃取样，主要矿质元素含量见表 3-1。产量较高，每 667 m² 产乌龙茶干茶 150 kg。适制乌龙茶、红茶、绿茶、白茶。制作乌龙茶色翠润，条索肥壮，香高长似兰花香，味醇厚，回味甘爽；制作红茶、绿茶，条索肥壮，毫显，香高味浓；制作白茶，芽壮、毫多、色白，香清味醇。

调查表明，福建水仙平均叶蝉虫量比值为 1.28 ～ 1.39，对小绿叶蝉的抗性较弱；该品种平均螨量比值为 0.17，对茶橙瘿螨的抗性强；见有红锈藻病、云纹叶枯病。抗寒、抗旱能力较强，适应性较强，扦插与定植成活率高。

表 3-1　福建水仙主要矿质元素含量　（单位：mg·kg⁻¹）

元素	Al	B	Ba	Ca	Co	Cr
含量	249.38 ± 28.12	5.60 ± 1.36	3.22 ± 2.26	849.61 ± 76.96	0.55 ± 0.01	0.89 ± 0.02
元素	Cu	Fe	K	Mg	Mn	Na
含量	5.91 ± 0.18	37.65 ± 1.89	11 428.33 ± 475.72	1 053.05 ± 107.76	440.89 ± 12.81	22.74 ± 6.25
元素	Ni	P	S	Se	Ti	Zn
含量	2.00 ± 0.22	2 910.35 ± 33.13	1 429.45 ± 76.66	0.26 ± 0.11	2.21 ± 0.49	28.74 ± 0.71

4. 适栽地区

适栽地区为江南茶区。

5. 栽培要点

选择土壤通透性良好的苗地扦插育苗。选择土层深厚的园地双行双株种植，及时定剪 3 ～ 4 次。夏秋茶季易受螨类为害，应及时防治。

二、梅占

又名大叶梅占。无性系，小乔木型、中叶类，中生种。如图 3-2 所示。

1. 来源与分布

梅占原产于福建省安溪县芦田镇三洋村，已有 100 多年栽培史。主要分布在福建省南部、北部茶区。20 世纪 60 年代后，福建全省和台湾、广东、江西、浙江、安徽、湖南、湖北、江苏、广西等省（区）有引种栽培。1985年通过全国农作物品种审定委员会审定，编号 GS 13004-1985。

2. 特征

植株较高大，树姿直立，主干较明显，分枝密度中等。叶片呈水平状着生，长椭圆形，叶色深绿，富光泽，叶面平，叶缘平，叶身内折，叶尖渐尖，叶齿较锐、浅、密，叶质厚脆。在福建省福安市社口镇调查，始花期通常在10 月中旬，盛花期在 11 月中旬，花量较多，结实率极低。花冠直径 4.1 cm，花瓣 5 ～ 8 瓣，子房茸毛中等，花柱 3 裂，花萼 5 片。花粉粒大小（极轴长 × 赤道轴长）50.49 μm × 30.76 μm，萌发孔为 3 孔沟，极面观近三角形；外壁纹饰拟网状，网脊隆起，宽窄不均，由大块密集而成，脊面呈波浪状，网眼较小，呈圆形，穿孔较少，脊洼较深，有少量穿孔。果实为球形，果实直

20×10

图 3-2　梅占

径 1.8 cm，果皮厚 0.083 cm，种子球形，种径 1.35 cm，种皮为棕色，百粒
重 105.3 g。2018 年在武夷学院茶树种质资源圃取样，春茶芽下第四叶片解
剖结构：上表皮角质层厚度 2.53 μm，上表皮厚度 29.18 μm，栅栏组织层数
1～2 层，栅栏组织厚度 99.07 μm，海绵组织厚度 186.04 μm，下表皮厚度
21.83 μm，下表皮角质层厚度 1.65 μm，叶片厚度 340.30 μm。

3. 特性

春季萌发期中偏迟，2010年和2011年在福建省福安市社口镇观测发现，一芽二叶初展期分别出现于3月20日和4月5日。芽叶生育力强，发芽较密，持嫩性较强，绿色，茸毛较少，节间长，一芽三叶长12.1 cm。一芽三叶百芽重103.0 g。在福建省福安市社口镇取样，2年平均春茶一芽二叶含茶多酚16.5%、氨基酸4.1%、咖啡碱（咖啡因）3.9%、水浸出物51.7%，酚氨比值4.0。2018年春季在武夷学院茶树种质资源圃取样，主要矿质元素含量见表3-2。产量高，每667 m²（亩）产乌龙茶干茶200～300 kg。适制乌龙茶、绿茶、红茶。制作红茶，香高似兰花香，味厚；制作炒青绿茶，香气高锐，滋味浓厚；制作乌龙茶，香味独特。

调查表明，梅占平均叶蝉虫量比值为0.75～1.57，对小绿叶蝉的抗性较弱；该品种平均螨量比值为0.09，对茶橙瘿螨的抗性强；见有轮斑病、红锈藻病、圆赤星病。抗旱性与抗寒性较强，扦插繁殖力强，成活率高。

表3-2 梅占主要矿质元素含量　　　（单位：mg·kg^{-1}）

元素	Al	B	Ba	Ca	Co	Cr
含量	161.28±10.68	6.83±0.69	6.59±0.60	880.61±41.67	0.30±0.08	0.85±0.15
元素	Cu	Fe	K	Mg	Mn	Na
含量	7.79±2.80	37.75±3.79	8 235.00±987.59	747.88±132.36	441.12±87.44	15.08±2.91
元素	Ni	P	S	Se	Ti	Zn
含量	1.41±0.29	2 965.69±68.43	1 454.95±58.22	0.22±0.17	2.43±0.19	29.85±2.74

4. 适栽地区

适栽地区为江南茶区。

5. 栽培要点

选择土层深厚的园地种植。增加种植密度，适时进行3～4次定剪，促进分枝，提高发芽密度。芽梢生长迅速并易粗老，应及时分批留叶采。

三、八仙茶

曾用名汀洋大叶黄棪。无性系，小乔木型，大叶类，特早生种。如图 3-3 所示。

图 3-3 八仙茶

1. 来源与分布

八仙茶由福建省诏安县科学技术委员会于1965—1986年从福建省诏安县秀篆镇寨坪村群体中采用单株育种法育成。在福建、广东乌龙茶茶区有较大面积栽培。湖南、广西、四川等省（区）有引种。1994年通过全国农作物品种审定委员会审定，编号GS 13012-1994。

2. 特征

植株较高大，树姿半开张，主干较明显，分枝较密。叶片呈稍上斜状着生，长椭圆形，叶色黄绿，有光泽。叶面微隆起或平，叶身平，叶缘平，叶尖渐尖，叶齿稍钝、浅、密，叶质较薄软。在福建省福安市社口镇调查，始花期通常在10月下旬，盛花期在11月中旬，花量少，结实率低。花冠直径3.9 cm，花瓣6瓣，子房茸毛少，花柱3裂。果实为三角形，果实直径2.01 cm ± 0.31 cm，果皮厚0.059 cm ± 0.01 cm，种子为球形，种径1.24 cm ± 0.12 cm，种皮为棕色，百粒重104.32 g ± 5.33 g。

3. 特性

春季萌发期早，2010年和2011年在福建省福安市社口镇观测发现，一芽二叶初展期分别出现于3月17日和4月11日。芽叶生育力强，发芽较密。持嫩性强，黄绿色，茸毛少，一芽三叶百芽重86.0 g，在福建省福安市社口镇取样，2年平均春茶一芽二叶含茶多酚18.0%，氨基酸4.0%、咖啡碱（咖啡因）4.2%、水浸出物52.6%，酚氨比值4.5。产量高，每667 m² （亩）产乌龙茶干茶200 kg。适制乌龙茶、绿茶、红茶。制乌龙茶，色泽乌绿润，香气清高持久，滋味浓强甘爽；制绿茶、红茶，香高，味厚。

调查表明，八仙茶平均叶蝉虫量比值为0.76 ～ 0.98，对小绿叶蝉的抗性较强；该品种平均螨量比值为0.01，对茶橙瘿螨的抗性强；见有轮斑病、云纹叶枯病及较严重的红锈藻病。抗旱性与抗寒性尚强，扦插繁殖力较强，成活率较高。

4. 适栽地区

适栽地区为乌龙茶茶区和江南部分红茶、绿茶茶区。

5. 栽培要点

挖深沟种植。增施有机肥，适当增加种植密度。压低定剪高度，增加定剪次数，促进分枝。乌龙茶要及时分批、按"小至中开面"鲜叶标准留叶采摘。冬季、早春注意预防冻害。

四、丹桂

品比区代号304。无性系，灌木型，中叶类，早生种。如图3-4所示。

1. 来源与分布

丹桂由福建省农业科学院茶叶研究所于1979—1997年从肉桂自然杂交后代中采用单株育种法育成（闽审茶1998003）。福建省乌龙茶茶区及浙江、广东、海南等茶区有栽培。2010年通过全国茶树品种鉴定委员会鉴定，编号国品鉴茶2010015。"高香型优质乌龙茶新品种丹桂的选育与推广"获福建省2000年度科学技术进步奖二等奖。

2. 特征

植株较高大，树姿半开张，分枝密。叶片呈稍上斜状着生，椭圆形，叶色深绿或绿，有光泽，叶面平，叶身平或稍内折，叶缘微波，叶尖渐尖，叶齿纯、浅、较密，叶质较厚软。在福建省福安市社口镇调查，始花期通常在10月上旬，盛花期在10月下旬，开花量较多，结实率较高。花

20×10

图 3-4 丹桂

冠直径 4.2 cm，花瓣 6～7 瓣，子房茸毛中等，花柱 3 裂。果实为三角形，果实直径 1.94 cm±0.31 cm，果皮厚 0.068 cm±0.02 cm，种子为球形，种径 1.23 cm±0.15 cm，种皮为棕色，百粒重 90.00 g±6.00 g。2018 年在武夷学院茶树种质资源圃取样，春茶芽下第四叶片解剖结构：上表皮角质层厚度 3.26 μm，上表皮厚度 26.29 μm，栅栏组织层数 2 层，栅栏组织厚度 83.56 μm，海绵组织厚度 140.21 μm，下表皮厚度 18.94 μm，下表皮角质层厚度 1.78 μm，叶片厚度 274.04 μm。

3. 特性

春季萌发期早，2010 年和 2011 年在福建省福安市社口镇观测发现，一芽二叶初展期分别出现于 3 月 14 日和 4 月 8 日。芽叶生育力强，发芽密，持嫩性强，黄绿色，茸毛少，一芽三叶百芽重 66.0 g。在福建省福安市社口镇取样，2 年平均春茶一芽二叶含茶多酚 17.7%、氨基酸 3.3%、咖啡碱（咖啡因）3.2%、水浸出物 49.9%，酚氨比值 5.4。2018 年春季在武夷学院茶树种质资源圃取样，主要矿质元素含量见表 3-3。产量高，每 667 m²（亩）产乌龙茶干茶 200 kg 以上。适制乌龙茶、绿茶、红茶。制乌龙茶香气清香持久、有花香，滋味清爽带鲜、回甘；制绿、红茶，花香显，滋味浓爽。耐贫瘠。

调查表明，丹桂平均叶蝉虫量比值为 0.73 ~ 0.92，对小绿叶蝉的抗性较强；该品种平均螨量比值为 0.67，对茶橙瘿螨的抗性较强；见有轮斑病、云纹叶枯病。抗旱与抗寒性强，扦插繁殖力强，成活率高。

表 3-3　丹桂主要矿质元素含量　（单位：mg·kg⁻¹）

元素	Al	B	Ba	Ca	Co	Cr
含量	153.53 ± 28.93	4.85 ± 1.62	4.33 ± 0.97	932.77 ± 118.82	0.25 ± 0.04	0.96 ± 0.07
元素	Cu	Fe	K	Mg	Mn	Na
含量	5.46 ± 1.17	57.26 ± 3.02	8 070.00 ± 635.35	863.05 ± 62.52	452.81 ± 64.62	22.86 ± 5.46
元素	Ni	P	S	Se	Ti	Zn
含量	2.26 ± 0.57	2 154.19 ± 153.66	1 178.78 ± 98.92	0.27 ± 0.11	2.36 ± 0.21	27.74 ± 1.61

4. 适栽地区

适栽地区为福建、广东、广西、湖南、浙江及相似茶区。

5. 栽培要点

及时定剪 3 ~ 4 次，促进分枝，尽早形成丰产树冠。采制乌龙茶以"中开面"鲜叶原料为主。制乌龙茶适当增加摇青次数与晾青时间。

五、紫牡丹

曾用名紫观音，品比区代号111。无性系，灌木型，中叶类，中生种。如图 3-5 所示。

20×10

图 3-5 紫牡丹

1. 来源与分布

紫牡丹由福建省农业科学院茶叶研究所于 1981—2005 年从铁观音的自然杂交后代中，采用单株选种法育成（闽审茶 2003004）。2001 年被评为"九五"国家科技攻关农作物优异种质，被列为福建省农业"五新"品种。2010 年通过全国茶树品种鉴定委员会鉴定，编号国品鉴茶 2010026。

2. 特征

植株较高大，树姿半开张。叶片呈水平状着生，椭圆形，叶色深绿，具光泽，叶面隆起，叶身平，叶缘微波，叶尖渐尖，叶齿稍钝、浅、稀，叶质较厚脆。在福建省福安市社口镇调查，始花期通常在 10 月上旬，盛花期在 11 月上旬，开花量多，结实率较高。花冠直径 4.0 cm，花瓣 6～7 瓣，子房茸毛中等，花柱 3 裂。果实为球形，果实直径 2.02 cm±0.38 cm，果皮厚 0.04 cm±0.01 cm，种子为球形，种径 1.31 cm±0.19 cm，种皮为棕色，百粒重 110.7 g±6.91 g。2018 年在武夷学院茶树种质资源圃取样，春茶芽下第四叶片解剖结构：上表皮角质层厚度 2.05 μm，上表皮厚度 21.76 μm，栅栏组织层数 2 层，栅栏组织厚度 91.47 μm，海绵组织厚度 149.14 μm，下表皮厚度 16.59 μm，下表皮角质层厚度 1.54 μm，叶片厚度 282.55 μm。

3. 特性

春季萌发期中偏迟，2010 年和 2011 年在福建省福安市社口镇观测发现，一芽二叶初展期分别出现于 3 月 18 日和 4 月 3 日。芽叶生育力强，持嫩性较强，紫红色，茸毛少，一芽三叶百芽重 54.0 g。在福建省福安市社口镇取样，2 年平均春茶一芽二叶含茶多酚 18.4%、氨基酸 3.9%、咖啡碱（咖啡因）4.3%、水浸出物 48.6%，酚氨比值 4.7。产量高，每 667 m^2（亩）产乌龙茶干茶 150 kg 以上。制乌龙茶条索紧结重实，色泽乌褐绿润，香气馥郁鲜爽，滋味醇厚甘甜，"韵味"显，具有铁观音的香味特征，制优率高于铁观音。

调查表明，紫牡丹平均叶蝉虫量比值为 0.53～0.57，对小绿叶蝉的抗性较强；该品种平均螨量比值为 0.42，对茶橙瘿螨的抗性较强；见有轮斑病、藻斑病及较严重的红锈藻病。抗寒、抗旱能力强，扦插繁殖力强，成活率高。

4. 适栽地区

适栽地区为福建、广东、广西、湖南及相似茶区。

5. 栽培要点

宜选择纯种健壮的母树剪穗扦插，培育壮苗。选择土层深厚、肥沃的黏质红黄壤园地种植，增加种植株数与密度。

六、黄棪

又名黄金桂、黄旦。无性系，小乔木型，中叶类，早生种。如图 3-6 所示。

1. 来源与分布

黄棪原产于福建省安溪县虎邱镇罗岩美庄，已有 100 多年栽培史。主要分布在福建省南部。福建全省和广东、江西、浙江、江苏、安徽、湖北、四川等省有较大面积引种。1985 年通过全国农作物品种审定委员会审定，编号 GS 13008-1985。

2. 特征

植株中等，树姿较直立，分枝较密。叶片呈稍上斜状着生，椭圆形或倒披针形，叶色黄绿，富光泽，叶面微隆起，叶缘平或微波，叶身稍内折，叶尖渐尖，叶齿较锐、深、密，叶质较薄软。在福建省福安市社口镇调查，始花期通常在 10 月上旬，盛花期在 11 月上旬，开花量较多。花冠直径 2.95 cm，花瓣 5～8 瓣，子房茸毛中等，花柱 3 裂，花萼 5 片。花粉粒大小（极轴长 × 赤道轴长）46.48 μm×25.85 μm，萌发孔为 3 孔沟，极面观近圆形；外壁纹饰拟网状，网脊隆起，宽窄不均，由小块密集而成，脊面较光滑，网眼较小，星

20×10

图 3-6 黄棪

圆形或不规则沟状，穿孔较少，脊洼较浅。结实率较高，果实为肾形或三角形，果实直径 2.10 cm，果皮厚 0.075 cm，种子为球形，种径 1.48 cm，种皮为棕色，百粒重 95.8 g。2018 年在武夷学院茶树种质资源圃取样，春茶芽下第四叶片解剖结构：上表皮角质层厚度 1.91 μm，上表皮厚度 18.36 μm，栅栏组织层数 1～2 层，栅栏组织厚度 91.63 μm，海绵组织厚度 143.87 μm，下表皮厚度 13.72 μm，下表皮角质层厚度 1.51 μm，叶片厚度 271.00 μm。

3. 特性

春季萌发期早，2010 年和 2011 年在福建省福安市社口镇观测发现，一芽二叶初展期分别出现于 3 月 8 日和 3 月 24 日。芽叶生育力强，发芽密，持嫩性较强，黄绿色，茸毛较少，一芽三叶长 8.3 cm、一芽三叶百芽重 59.0 g。在福建省福安市社口镇取样，2 年平均春茶一芽二叶含茶多酚 16.2%、氨基酸 3.5%、咖啡碱（咖啡因）3.6%、水浸出物 48.0%，酚氨比值 4.6。2018 年春季在武夷学院茶树种质资源圃取样，主要矿质元素含量见表 3-4。产量高，每 667 m² （亩）产乌龙茶干茶 150 kg 左右。适制乌龙茶、绿茶、红茶。制作乌龙茶香气馥郁芬芳，俗称"透天香"，滋味醇厚甘爽；制作红茶、绿茶，条索紧细，香浓郁味醇厚，是制作特种绿茶和工夫红茶的优质原料。

调查表明，黄棪平均叶蝉虫量比值为 0.56 ～ 0.82，对小绿叶蝉的抗性较强；该品种平均螨量比值为 0.13，对茶橙瘿螨的抗性强；见有轮斑病、云纹叶枯病、圆赤星病。抗旱、抗寒性较强，扦插与定植成活率较高。

表 3-4 黄棪主要矿质元素含量 （单位：mg·kg⁻¹）

元素	Al	B	Ba	Ca	Co	Cr
含量	331.28 ± 46.93	5.58 ± 1.78	6.30 ± 4.30	1 198.94 ± 75.67	0.34 ± 0.01	1.08 ± 0.16
元素	Cu	Fe	K	Mg	Mn	Na
含量	6.94 ± 2.05	71.93 ± 6.76	11 063.33 ± 940.02	1 135.38 ± 386.17	574.01 ± 20.51	26.87 ± 2.37
元素	Ni	P	S	Se	Ti	Zn
含量	1.14 ± 0.27	3 181.52 ± 336.96	1 782.95 ± 82.44	0.31 ± 0.01	2.31 ± 0.38	29.72 ± 1.72

4. 适栽地区

适栽地区为江南茶区。

5. 栽培要点

注意适时进行定剪，加强水肥管理，增施有机肥，要分批留叶采摘，采养结合。

七、金牡丹

品比区代号203。无性系，灌木型，中叶类，早生种。如图3-7所示。

20×10

图 3-7 金牡丹

1. 来源与分布

金牡丹由福建省农业科学院茶叶研究所于1978—2002年以铁观音为母本，黄棪为父本，采用杂交育种法育成（闽审茶2003002）。1990年以来，在福建省北部、南部乌龙茶茶区示范种植。2001年被评为"九五"国家科技攻关一级优异种质。2010年通过全国茶树品种鉴定委员会鉴定，编号国品鉴茶2010024。

2. 特征

植株中等，树姿较直立。叶片呈水平状着生，椭圆形，叶色绿，具光泽，叶面隆起，叶身平，叶缘微波，叶尖钝尖，叶齿较锐、浅、密，叶质较厚脆。在福建省福安市社口镇调查，始花期通常在 10 月下旬，盛花期在 11 月中旬，开花量多，结实率高。花冠直径 3.4 cm，花瓣 8 瓣，子房茸毛中等，花柱 3 裂。果实为球形，果实直径为 2.18 cm ± 0.32 cm，果皮厚 0.09 cm ± 0.02 cm，种子为球形，种径 1.56 cm ± 0.16 cm，种皮为棕色，百粒重 129.22 g ± 9.22 g。2018 年在武夷学院茶树种质资源圃取样，春茶芽下第四叶片解剖结构：上表皮角质层厚度 3.99 μm，上表皮厚度 26.78 μm，栅栏组织层数 2～3 层，栅栏组织厚度 119.49 μm，海绵组织厚度 139.50 μm，下表皮厚度 21.35 μm，下表皮角质层厚度 1.54 μm，叶片厚度 312.65 μm。

3. 特性

春季萌发期较早，2010 年和 2011 年在福建省福安市社口镇观测发现，一芽二叶初展期分别出现于 3 月 14 日和 3 月 30 日。芽叶生育力强，持嫩性强，紫绿色，茸毛少，一芽三叶百芽重 70.9 g。在福建镇福安镇社口镇取样，3 年平均春茶一芽二叶含茶多酚 18.6%、氨基酸 3.7%、咖啡碱（咖啡因）3.6%、水浸出物 49.6%，酚氨比值 5.0。2018 年春季在武夷学院茶树种质资源圃取样，主要矿质元素含量见表 3-5。产量高，每 667 m² （亩）产乌龙茶干茶 150 kg 以上。适制乌龙茶、绿茶、红茶，品质优，制优率高。制乌龙茶，香气馥郁芬芳，滋味醇厚甘爽，"韵味"显，具有铁观音的香味特征；制红、绿茶，花香显，味醇厚。

调查表明，金牡丹平均叶蝉虫量比值为 0.52～0.67，对小绿叶蝉的抗性较强；该品种平均螨量比值为 0.57，对茶橙瘿螨的抗性较强；见有赤叶斑病、轮斑病、云纹叶枯病及较严重的红锈藻病。抗性与适应性强，扦插繁殖力强，种植成活率高。

表 3-5　金牡丹主要矿质元素含量　　（单位：mg·kg^{-1}）

元素	Al	B	Ba	Ca	Co	Cr
含量	164.67 ± 26.84	5.30 ± 0.87	5.56 ± 2.45	837.44 ± 117.78	0.27 ± 0.04	0.91 ± 0.14
元素	Cu	Fe	K	Mg	Mn	Na
含量	7.55 ± 0.41	48.29 ± 1.54	10 016.67 ± 831.57	948.55 ± 140.60	343.17 ± 38.22	27.19 ± 18.93
元素	Ni	P	S	Se	Ti	Zn
含量	1.35 ± 0.27	2 892.85 ± 374.56	1 410.95 ± 156.83	0.19 ± 0.04	1.74 ± 0.72	18.17 ± 1.49

4. 适栽地区

适栽地区为福建、广东、广西、湖南及相似茶区。

5. 栽培要点

宜选择纯种健壮母树剪穗扦插。培育壮苗宜选择土层深厚、土壤肥沃的黏质红黄壤园地种植，适当增加种植密度。

八、瑞香

品比区代号 305。无性系，灌木型，中叶类，晚生种。如图 3-8 所示。

1. 来源与分布

由福建省农业科学院茶叶研究所于 1979—2002 年从黄棪自然杂交后代中经系统选育而成（闽审茶 2003004），被列为福建省农业"五新"品种。在福建省乌龙茶茶区及海南、广西、广东等茶区均有栽培。2010 年通过全国茶树品种鉴定委员会鉴定，编号国品鉴茶 2010017。"高香优质茶树新品种瑞香与九龙袍选育及推广应用"获福建省 2015 年度科学技术进步奖二等奖。

20×10

图 3-8 瑞香

2. 特征

植株较高大，树姿半开张。叶片呈上斜状着生，长椭圆形，叶色黄绿，叶面稍隆起，叶身稍内折，叶缘稍波浪状。侧脉较明显，叶质较厚软。在福建省福安市社口镇调查，始花期通常在 10 月下旬，盛花期在 11 月中旬，开花量较多，结实率高。花冠直径 2.9～3.7 cm，花瓣 6～8 瓣，子房茸毛中等，花柱 3 裂。果实为球形，果实直径 1.81 cm ± 0.23 cm，果皮厚 0.08 cm ± 0.02 cm，种子为球形，种径 1.49 cm ± 0.07 cm，种皮为棕褐色，百粒重 126.12 g ± 9.42 g。

2018年在武夷学院茶树种质资源圃取样，春茶芽下第四叶片解剖结构：上表皮角质层厚度2.90 μm，上表皮厚度23.79 μm，栅栏组织层数1～2层，栅栏组织厚度84.43 μm，海绵组织厚度148.65 μm，下表皮厚度17.18 μm，下表皮角质层厚度1.81 μm，叶片厚度278.76 μm。

3. 特性

春季萌发期较迟，2010年和2011年在福建省福安市社口镇观测发现，一芽二叶初展期分别出现于3月24日和4月9日。发芽整齐，芽梢密度高，持嫩性较好，茸毛少，一芽三叶百芽重94.0 g。在福建省福安市社口镇取样，2年平均春茶一芽二叶含茶多酚17.5%、氨基酸3.9%、咖啡碱（咖啡因）3.7%、水浸出物51.3%，酚氨比值4.5。2018年春季在武夷学院茶树种质资源圃取样，主要矿质元素含量见表3-6。产量高，每667 m²（亩）产乌龙茶干茶150 kg以上。适制乌龙茶、红茶、绿茶，且制优率高。制乌龙茶，色翠润、香浓郁清长、花香显，滋味醇厚鲜爽、甘润带香，耐泡；制绿茶，汤色翠绿清澈，香浓郁鲜爽，味醇爽；制红茶，金毫显，汤色红艳，鲜甜花香显，味鲜浓。

调查表明，瑞香平均叶蝉虫量比值为0.65～0.73，对小绿叶蝉的抗性较强；该品种平均螨量比值为0.47，对茶橙瘿螨的抗性较强；见有轮斑病及较严重的红锈藻病。抗旱与抗寒性强，扦插与定植成活率高，适应性广。

表3-6 瑞香主要矿质元素含量 （单位：mg·kg⁻¹）

元素	Al	B	Ba	Ca	Co	Cr
含量	169.42 ± 5.01	6.77 ± 0.22	7.24 ± 1.16	934.11 ± 19.26	0.49 ± 0.05	0.93 ± 0.16
元素	Cu	Fe	K	Mg	Mn	Na
含量	9.70 ± 1.19	51.23 ± 0.86	11 986.67 ± 848.00	1 085.71 ± 75.67	563.42 ± 15.89	24.62 ± 9.61
元素	Ni	P	S	Se	Ti	Zn
含量	1.80 ± 0.21	3 495.52 ± 54.53	1 726.11 ± 153.63	0.28 ± 0.08	2.26 ± 0.91	25.03 ± 0.84

4. 适栽地区

适栽地区为福建、广东、广西、湖南及相似茶区。

5. 栽培要点

宜选择纯种健壮母树剪穗扦插，苗地选择土层深厚、土壤肥沃的黏质红黄壤。种植时施足基肥，适当增加种植密度，重施有机肥。

九、黄观音

又名茗科 2 号，品比区代号 105。无性系，小乔木型，中叶类，早生种。如图 3-9 所示。

1. 来源与分布

黄观音由福建省农业科学院茶叶研究所于 1977—1997 年以铁观音为母本、黄棪为父本，采用杂交育种法育成（闽审茶 1998002）。在福建、广东、云南、海南、广西南部、湘南、赣南等茶区有种植。2002 年通过全国农作物品种审定委员会审定，编号国审茶 2002015。"乌龙茶新品种黄观音、黄奇选育与推广"获福建省 2002 年度科学技术进步奖二等奖。

2. 特征

植株较高大，树姿半开张，分枝较密。叶片呈上斜状着生，椭圆形或长椭圆形，叶色黄绿，有光泽，叶面隆起，叶缘平，叶身平，叶尖钝尖，叶齿较钝、浅、稀，叶质尚厚脆。在福建省福安市调查，始花期通常在 9 月下旬，盛花期在 10 月中旬，开花量多，结实率高。花冠直径 3.9 cm，花瓣 6 瓣，子房茸毛中等，花柱 3 裂。果实为三角形或肾形，果实直径 2.14 cm ± 0.30 cm，果皮厚度 0.88 cm ± 0.02 cm，种子为球形或锥形，种径 1.29 cm ± 0.07 cm，种

图 3-9　黄观音

皮为棕色，百粒重 112.22 g ± 10.2 g。2018 年在武夷学院茶树种质资源圃取样，春茶芽下第四叶片解剖结构：上表皮角质层厚度 2.99 μm，上表皮厚度 29.15 μm，栅栏组织层数 1 ～ 2 层，栅栏组织厚度 94.96 μm，海绵组织厚度 153.47 μm，下表皮厚度 21.52 μm，下表皮角质层厚度 1.71 μm，叶片厚度 303.80 μm。

3. 特性

春季萌发期早，2010 年和 2011 年在福建省福安市社口镇观测发现，一芽二叶初展期分别出现于 3 月 11 日和 3 月 27 日。芽叶生育力强，发芽密，持嫩性较强，新梢黄绿带微紫色，茸毛少，一芽三叶百芽重 58.0 g。在福建省福安市社口镇取样，2 年平均春茶一芽二叶含茶多酚 19.4%、氨基酸 4.8%、咖啡碱（咖啡因）3.4%、水浸出物 48.4%，酚氨比值 4.0。2018 年春季在武夷学院茶树种质资源圃取样，主要矿质元素含量见表 3-7。产量高，每 667 m²（亩）产乌龙茶干茶 200 kg 以上。适制乌龙茶、红茶、绿茶。制乌龙茶，香气馥郁芬芳，具有"通天香"的香气特征，滋味醇厚甘爽，制优率高；制绿茶、红茶，香高爽，味醇厚。

调查表明，黄观音平均叶蝉虫量比值为 0.68～1.01，对小绿叶蝉的抗性较强；该品种平均螨量比值为 5.07，对茶橙瘿螨的抗性弱；见有轮斑病、红锈藻病。抗旱性与抗寒性强，扦插繁殖力特强，种植成活率高。

表 3-7 黄观音主要矿质元素含量　　　（单位：mg·kg⁻¹）

元素	Al	B	Ba	Ca	Co	Cr
含量	113.37 ± 10.14	4.06 ± 1.41	5.46 ± 1.20	805.11 ± 80.83	0.39 ± 0.01	0.95 ± 0.21
元素	Cu	Fe	K	Mg	Mn	Na
含量	5.21 ± 0.77	25.71 ± 3.20	12 098.33 ± 749.69	818.21 ± 29.80	355.89 ± 8.16	14.11 ± 3.25
元素	Ni	P	S	Se	Ti	Zn
含量	1.53 ± 0.20	2 878.02 ± 89.24	1 346.11 ± 59.44	0.15 ± 0.02	1.19 ± 0.63	20.21 ± 2.19

4. 适栽地区

适栽地区为我国乌龙茶区和江南红茶、绿茶区。

5. 栽培要点

选择土层深厚的园地采用 1.50 m 大行距、40 cm 小行距、33 cm 丛距双行双株种植。加强茶园肥水管理，适时进行 3 次定剪。要分批、留叶采摘。

十、黄玫瑰

品比区代号 506。无性系，小乔木型，中叶类，早生种。如图 3-10 所示。

图 3-10　黄玫瑰

1. 来源与分布

黄玫瑰由福建省农业科学院茶叶研究所于 1986—2004 年从黄观音与黄
棪人工杂交一代中采用单株育种法育成（闽审茶 2005002）。2001 年被评为
"九五"国家科技攻关一级优异种质。2010 年通过全国茶树品种鉴定委员会鉴
定，编号国品鉴茶 2010025。

2. 特征

植株较高大，树姿半开张，分枝密。叶片呈水平状着生，长椭圆形或椭圆形，叶色绿，有光泽，叶面隆起，叶身稍内折或平，叶缘微波，叶尖渐尖，叶齿较锐、深、密，叶质较厚脆。花冠直径 2.7 cm，花瓣 6～7 瓣，子房茸毛中等，花柱 3 裂。在福建省福安市社口镇调查，始花期通常在 10 月中旬，盛花期在 11 月上旬，花量较多，结实率较高。果实为三角形或肾形，果实直径 1.92 cm ± 0.49 cm，果皮厚 0.07 cm ± 0.01 cm，种子为球形，种径 1.35 cm ± 0.17 cm，种皮为棕褐色，百粒重 104.24 g ± 10.5 g。2018 年在武夷学院茶树种质资源圃取样，春茶芽下第四叶片解剖结构：上表皮角质层厚度 2.34 μm，上表皮厚度 22.90 μm，栅栏组织层数 1～2 层，栅栏组织厚度 97.61 μm，海绵组织厚度 152.23 μm，下表皮厚度 20.28 μm，下表皮角质层厚度 1.60 μm，叶片厚度 296.96 μm。

3. 特性

春季萌发期早，2010 年和 2011 年在福建省福安市社口镇观测发现，一芽二叶初展期分别出现于 3 月 11 日和 3 月 27 日。芽叶生育力强，发芽密，持嫩性较强，黄绿色，茸毛少，一芽三叶百芽重 51.1 g。在福建省福安市社口镇取样，3 年平均春茶一芽二叶含茶多酚 15.9%、氨基酸 4.2%、咖啡碱（咖啡因）3.3%、水浸出物 49.6%，酚氨比值 3.8。2018 年春季在武夷学院茶树种质资源圃取样，主要矿质元素含量见表 3-8。产量高，每 667 m²（亩）产乌龙茶干茶 200 kg。适制乌龙茶、绿茶、红茶。制乌龙茶香气馥郁高爽，滋味醇厚回甘，制优率高；制绿茶、红茶，香高爽，味鲜醇。

调查表明，黄玫瑰平均叶蝉虫量比值为 0.87～1.05，对小绿叶蝉的抗性较强；该品种平均螨量比值为 4.32，对茶橙瘿螨的抗性弱；见有轮斑病、红锈藻病、赤叶斑病。抗旱、抗寒性强，扦插繁殖力强，种植成活率高。

表 3-8　黄玫瑰主要矿质元素含量　　　　　　　（单位：mg·kg^{-1}）

元素	Al	B	Ba	Ca	Co	Cr
含量	210.03 ± 3.93	4.36 ± 0.86	5.56 ± 2.05	954.44 ± 117.76	0.54 ± 0.02	0.99 ± 0.14
元素	Cu	Fe	K	Mg	Mn	Na
含量	6.28 ± 1.24	62.68 ± 2.24	11 820.00 ± 971.82	1 116.05 ± 98.11	419.24 ± 12.72	34.51 ± 12.01
元素	Ni	P	S	Se	Ti	Zn
含量	1.57 ± 0.18	2 903.35 ± 55.41	1 571.28 ± 6.35	0.27 ± 0.16	2.08 ± 0.78	23.42 ± 0.96

4. 适栽地区

适栽地区为乌龙茶区和江南红茶、绿茶区。

5. 栽培要点

选择土层深厚的园地采用 1.5 m 大行距、40 cm 小行距、33 cm 株距双行双株种植。加强茶园肥水管理，适时进行 3 次定剪。要分批留叶采摘，采养结合。

十一、茗科 1 号

又名金观音，品比区代号 204。无性系，灌木型。中叶类，早生种。如图 3-11 所示。

1. 来源与分布

茗科 1 号由福建省农业科学院茶叶研究所于 1978—1999 年以铁观音为母本，黄棪为父本，采用杂交育种法育成（闽审茶 2000001）。福建省乌龙茶茶区，广东、湖南、四川、浙江、贵州、重庆等省（市）有栽种，2002 年通过全国农作物品种审定委员会审定，编号国审茶 2002017。"茶树新品种茗科 1 号、悦茗香的选育与应用"获福建省 2004 年度科学技术进步奖二等奖。

20×10

图 3-11 茗科 1 号

2. 特征

植株较高大，树姿半开张，分枝较密，叶片呈水平状着生，椭圆形，叶色深绿，有光泽，叶面隆起，叶缘稍波浪状。叶身平，叶尖渐尖，叶齿较钝、浅、稀，叶质厚脆。在福建省福安市社口镇调查，始花期通常在 10 月中旬，盛花期在 11 月中旬，开花量多，结实率高。花冠直径 3.6 cm，花瓣 7 瓣，子房茸毛中等，花柱 3 裂。花粉粒大小（极轴长 × 赤道轴长）46.65 μm × 24.98 μm，萌发孔为 3 孔沟，极面观近圆形；外壁纹饰拟网状，网脊隆起，宽窄不均，由小块密集而成，脊面波浪状，网眼较小，呈圆形，穿孔较少，脊洼较浅。果实为球形，果实直径 2.00 cm ± 0.41 cm，果皮厚度 0.06 cm ± 0.017 cm，种子为球形，种径 1.51 cm ± 0.11 cm，种皮为棕色，百粒重 163.62 g ± 17.8 g。2018 年在武夷学院茶树种质资源圃取样，春茶芽下第四叶片解剖结构：上表皮角质层厚度 2.42 μm，上表皮厚度 25.35 μm，栅栏组织层数 2 层，栅栏组织厚度 116.75 μm，海绵组织厚度 122.54 μm，下表皮厚度 22.43 μm，下表皮角质层厚度 1.50 μm，叶片厚度 290.99 μm。

3. 特性

春季萌发期早，2010 年和 2011 年在福建省福安市社口镇观测发现，一芽二叶初展期分别出现于 3 月 10 日和 3 月 26 日。芽叶生育力强，发芽密且整齐，持嫩性较强，紫红色，茸毛少，一芽三叶百芽重 50.0 g。在福建省福安市社口镇取样，2 年平均春茶一芽二叶含茶多酚 19.0%、氨基酸 4.4%、咖啡碱（咖啡因）3.8%、水浸出物 45.6%，酚氨比值 4.3。2018 年春季在武夷学院茶树种质资源圃取样，主要矿质元素含量见表 3-9。产量高，每 667 m^2（亩）产乌龙茶干茶 200 kg 以上。适制乌龙茶、绿茶。制乌龙茶，香气馥郁悠长，滋味醇厚回甘，"韵味"显，具有铁观音的香味特征，制优率高。

调查表明，茗科 1 号平均叶蝉虫量比值为 0.63 ～ 0.78，对小绿叶蝉的抗性较强；该品种平均螨量比值为 0.98，对茶橙瘿螨的抗性中等；见有云纹叶枯病及较严重的红锈藻病。适应性强，扦插繁殖力强，成活率高。

表 3-9　茗科 1 号主要矿质元素含量　　（单位：mg·kg^{-1}）

元素	Al	B	Ba	Ca	Co	Cr
含量	115.57 ± 10.84	3.70 ± 1.81	3.05 ± 0.47	569.44 ± 115.74	0.32 ± 0.05	0.75 ± 0.02
元素	Cu	Fe	K	Mg	Mn	Na
含量	5.82 ± 1.18	26.32 ± 0.79	7 558.33 ± 879.98	678.55 ± 67.6	294.84 ± 35.63	15.56 ± 3.20
元素	Ni	P	S	Se	Ti	Zn
含量	1.71 ± 0.34	2 959.35 ± 27.15	1 050.11 ± 62.52	0.29 ± 0.04	1.59 ± 0.02	21.10 ± 3.10

4. 适栽地区

适栽地区为我国乌龙茶区。

5. 栽培要点

幼年期生长较慢，宜选择纯种健壮母树剪穗扦插，培育壮苗。选择土层深厚、土壤肥沃的黏质红黄壤园地种植，增加种植株数与密度。

第二节　福建省审（认、鉴）定的乌龙茶品种

一、白芽奇兰

无性系，灌木型，中叶类，晚生种。如图 3-12 所示。

1. 来源与分布

白芽奇兰由福建省平和县农业局茶叶站和崎岭乡彭溪茶场于 1981—1995 年从当地群体中采用单株育种法育成。福建及广东东部乌龙茶茶区有栽培。1996 年通过福建省农作物品种审定委员会审定，编号闽审茶 1996001。

2. 特征

植株中等，树姿半开张，分枝尚密。叶片呈水平状着生，长椭圆形，叶色深绿，富光泽，叶面微隆起，叶身平展，叶缘微波，叶尖渐尖，叶齿较锐、深、密，叶质较厚脆。在福建省福安市社口镇调查，始花期通常在 10 月上

20×10

图 3-12　白芽奇兰

旬，盛花期在 10 月下旬，开花量中等，结实率中等。花瓣 7 瓣，子房茸毛中等，花柱 3 裂。花粉粒大小（极轴长 × 赤道轴长）41.66 μm×27.51 μm，萌发孔为拟 3 孔沟，极面观裂圆形；外壁纹饰拟网状，网脊隆起，宽窄不均，由小块密集而成，脊面成波纹状，网眼较小，呈不规则形状，脊洼较浅，穿孔较少。果实为肾形或三角形，果实直径 1.81 cm，果皮厚度 0.118 cm，种子为球形，种径 1.28 cm，种皮为棕色，百粒重 52.0 g。2018 年在武夷学院茶树种质资源圃取样，春茶芽下第四叶片解剖结构：上表皮角质层厚度 2.72 μm，上表皮厚度 22.90 μm，栅栏组织层数 1～2 层，栅栏组织厚度 82.25 μm，海绵组织厚度 164.73 μm，下表皮厚度 19.22 μm，下表皮角质层厚度 2.13 μm，叶片厚度 293.95 μm。

3. 特性

春季萌发期迟，2010 年和 2011 年在福建省福安市社口镇观测发现，一芽二叶初展期分别出现于 3 月 25 日和 4 月 10 日。芽叶生育力强，发芽较密，持嫩性强，芽叶绿色，茸毛尚多，一芽三叶百芽重 139.0 g。在福建省福安市社口镇取样，2 年平均春茶一芽二叶含茶多酚 16.4%、氨基酸 3.6%、咖啡碱（咖啡因）3.9%、水浸出物 48.2%，酚氨比值 4.6。产量较高，每 667 m^2（亩）产乌龙茶干茶 130 kg 以上。适制乌龙茶、红茶。制乌龙茶，色泽褐绿润，香气清高细长，似兰花香，滋味醇厚甘鲜；制红茶，香高似兰花香，味厚。

调查表明，白芽奇兰平均叶蝉虫量比值为 0.89 ～ 1.35，对小绿叶蝉的抗性较弱；该品种平均螨量比值为 0.83，对茶橙瘿螨的抗性中等；见有红锈藻病、轮斑病、云纹叶枯病。抗旱性与抗寒性强，扦插繁殖力强，成活率高。

4. 适栽地区

适栽地区为乌龙茶、红茶茶区。

5. 栽培要点

选择土壤通透性良好的苗地扦插育苗。选择土层深厚的园地双行双株种植，及时定剪 3 ～ 4 次。乌龙茶按照"小至中开面"鲜叶标准，适时分批采摘。

二、佛手

别名雪梨、香橼种。无性系，灌木型，大叶类，中生种。有红芽佛手和绿芽佛手之分，主栽品种为红芽佛手。如图 3-13 所示。

1. 来源与分布

佛手原产于福建省安溪具虎邱镇金榜骑虎岩，已有 100 多年栽培史。主

20×10

图 3-13 佛手

要分布在福建省南部、北部乌龙茶茶区。福建省其他茶区有较大面积栽培，我国台湾、广东、浙江、江西、湖南等省以及日本有引种。1985 年通过福建省农作物品种审定委员会审定，编号闽审茶 1985014。

2. 特征

植株中等，树姿开张，分枝稀。叶片呈下垂或水平状着生，卵圆形，叶色绿或黄绿，富光泽，叶面强隆起，叶身扭曲或背卷，叶缘强波，叶尖钝尖或圆尖，叶齿钝、浅、稀，叶质厚软。在福建省福安市社口镇调查，始花期通常在

9 月中旬，盛花期在 10 月上旬，花量少，结实率极低。花冠直径 4.0 cm，花瓣 8 瓣，子房茸毛中等，花柱 3 裂，雌蕊低于雄蕊，花萼 5 ～ 6 片。果实为球形，果实直径 2.9 cm，果皮厚 0.096 cm，种子球形，种径 1.78 cm，种皮为浅棕色，百粒重 100.5 g。

3. 特性

春季萌发期中偏迟，2010 年和 2011 年在福建省福安市社口镇观测，一芽二叶初展期分别出现于 3 月 20 日和 4 月 5 日。芽叶生育力较强，发芽较稀，持嫩性强，绿带紫红色（绿芽佛手为淡绿色），肥壮，茸毛较少，一芽三叶长 11.5 cm，一芽三叶百芽重 147.0 g。在福建省福安市社口镇取样，2 年平均春茶一芽二叶含茶多酚 16.2%、氨基酸 3.1%、咖啡碱（咖啡因）3.1%、水浸出物 49.0%，酚氨比值 5.2。2018 年春季在武夷学院茶树种质资源圃取样，主要矿质元素含量见表 3-10。产量高，每 667 m² （亩）产乌龙茶干茶 150 kg 以上。适制乌龙茶、红茶，品质优良。制乌龙茶，条索肥壮重实，色泽褐黄绿润，香气清高幽长，似雪梨或香橼香，滋味浓醇甘鲜；制红茶，香高味醇。

调查表明，佛手平均叶蝉虫量比值为 0.98 ～ 1.07，对小绿叶蝉的抗性中等偏强；该品种平均螨量比值为 0.09，对茶橙瘿螨的抗性强；见有红锈藻病、芽枯病、叶斑病。抗旱性与抗寒性较强，扦插繁殖力较强，成活率较高。

表 3-10　佛手主要矿质元素含量　　　（单位：mg·kg⁻¹）

元素	Al	B	Ba	Ca	Co	Cr
含量	156.52 ± 19.48	4.81 ± 0.98	3.59 ± 2.48	577.61 ± 12.57	0.33 ± 0.04	0.58 ± 0.17
元素	Cu	Fe	K	Mg	Mn	Na
含量	4.55 ± 0.12	29.51 ± 2.68	9 276.67 ± 968.71	701.05 ± 118.51	459.47 ± 189.53	21.86 ± 7.25
元素	Ni	P	S	Se	Ti	Zn
含量	0.98 ± 0.19	2 749.19 ± 93.11	1 781.45 ± 101.5	0.25 ± 0.18	0.88 ± 0.58	15.12 ± 0.85

4. 适栽地区

适栽地区为福建乌龙茶和部分红茶茶区。

5. 栽培要点

选用纯种健壮苗木，适当密植，增加定型修剪次数 1 ～ 2 次。乌龙茶宜"小至中开面"分批采摘。

三、九龙袍

品比区代号 303。无性系，灌木型，中叶类，晚生种。如图 3-14 所示。

1. 来源与分布

九龙袍由福建省农业科学院茶叶研究所于 1979—2000 年从武夷大红袍的自然杂交后代中经系统选育而成。福建省乌龙茶茶区有栽培。2000 年通过福建省农作物品种审定委员会审定，编号闽审茶 2000002。"高香优质茶树新品种瑞香与九龙袍选育及推广应用"获福建省 2015 年度科学技术进步奖二等奖。

2. 特征

植株较高大，生长势强，树姿半开张，分枝密，分技能力强。叶片呈上斜状着生，叶形长椭圆，节间短，叶厚。嫩梢叶色暗黄绿，嫩叶平展、具光泽，茸毛少，叶质柔软，叶身稍内折，叶面稍隆起。叶基紫红，叶缘微波状，叶齿钝、密度中、深度浅，叶尖钝圆，侧脉较明显。在福建省福安市社口镇调查，始花期通常在 10 月上旬，11 月上中旬进入盛花期，开花量中等，结实率较高。花冠直径 4.1cm，花瓣 6 ～ 7 瓣，子房茸毛中等，花柱 3 裂。果实为球形，果实直径 1.66 cm ± 0.27 cm，果皮厚 0.07 cm ± 0.02 cm，种子为球形，种径 1.25 cm ± 0.12 cm。种皮为棕色，百粒重 126.58 g ± 4.80 g。2018 年在武夷

20×10

图 3-14　九龙袍

学院茶树种质资源圃取样，春茶芽下第四叶片解剖结构：上表皮角质层厚度
2.82 μm，上表皮厚度 24.43 μm，栅栏组织层数 2 层，栅栏组织厚度 82.63 μm，
海绵组织厚度 164.25 μm，下表皮厚度 19.84 μm，下表皮角质层厚度 1.63 μm，
叶片厚度 295.60 μm。

3. 特性

春季萌发期迟，2010 年和 2011 年在福建省福安市社口镇观测发现，一芽

二叶初展期分别出现于3月30日和4月15日。芽叶生育力强，发芽密，持嫩性强，紫红色，茸毛少，一芽三叶百芽重83.0 g。在福建省福安市社口镇取样，2年平均春茶一芽二叶含茶多酚18.8%、氨基酸4.1%、咖啡碱（咖啡因）3.2%、水浸出物49.9%，酚氨比值4.6。2018年春季在武夷学院茶树种质资源圃取样，主要矿质元素含量见表3-11。产量高，每667 m²（亩）产乌龙茶干茶200 kg以上。适制乌龙茶，香气浓长，花香显，滋味醇爽滑口，耐冲泡，品质稳定。制红茶，香细幽，味醇厚、滑口。

调查表明，九龙袍平均叶蝉虫量比值为1.27～1.50，对小绿叶蝉的抗性较弱；该品种平均螨量比值为0.14，对茶橙瘿螨的抗性强；见有轮斑病、红锈藻病，偶见赤叶斑病。抗寒、抗旱能力强，适应性广，扦插繁殖力较强，种植成活率高。

表3-11　九龙袍主要矿质元素含量　（单位：mg·kg^{-1}）

元素	Al	B	Ba	Ca	Co	Cr
含量	138.53 ± 12.78	4.05 ± 1.42	3.06 ± 1.92	757.27 ± 61.37	0.43 ± 0.07	0.93 ± 0.08
元素	Cu	Fe	K	Mg	Mn	Na
含量	6.22 ± 0.81	32.62 ± 1.51	9 116.67 ± 817.68	867.21 ± 88.9	336.47 ± 48.22	14.63 ± 0.37
元素	Ni	P	S	Se	Ti	Zn
含量	1.96 ± 0.50	3 088.19 ± 69.30	1 179.45 ± 114.29	0.19 ± 0.05	1.88 ± 0.03	25.41 ± 1.71

4. 适栽地区

福建省乌龙茶区。

5. 栽培要点

及时定剪3～4次，促进分枝，尽早形成丰产树冠。采制乌龙茶，以"中开面"鲜叶原料为主。

四、紫玫瑰

曾用名银观音，品比区代号 210。无性系，灌木型，中叶类，中生种。

如图 3-15 所示。

20×10

图 3-15　紫玫瑰

1. 来源与分布

紫玫瑰由福建省农业科学院茶叶研究所于 1978—2004 年以铁观音为母

本，黄棪为父本，采用杂交育种法育成。2001 年被评为"九五"国家科技攻

关优质资源。2005 年通过福建省农作物品种审定委员会审定，编号闽审茶
2005003。

2. 特征

植株中等，树姿较直立，分枝较密。叶片呈水平状着生，椭圆形。叶色
绿或深绿，叶面微隆起，叶身平，叶缘平，叶尖钝尖或渐尖，叶齿较锐、浅
密，叶质较厚脆。在福建省福安市社口镇调查，始花期通常在 9 月下旬，盛
花期在 10 月中旬，开花量多，结实率较高。花冠直径 3.2 cm，花瓣 6～7 瓣，
子房茸毛密，花柱 3 裂。果实为球形，果实直径 2.02 cm ± 0.38 cm，果皮厚
0.04 cm ± 0.01 cm，种子为球形，种径 1.31 cm ± 0.19 cm，种皮为棕色，百粒重
110.7 g ± 6.91 g。

3. 特性

春季萌发期中偏迟，2010 年和 2011 年在福建省福安市社口镇观测发现，
一芽二叶初展期分别出现于 3 月 18 日和 4 月 3 日。芽叶生育力强，发芽密，
持嫩性强，紫绿色，茸毛少，一芽三叶百芽重 62.0 g。在福建省福安市社口
镇取样，3 年平均春茶一芽二叶含茶多酚 16.3%、氨基酸 4.5%、咖啡碱（咖
啡因）3.1%、水浸出物 48.4%，酚氨比值 3.6。2018 年春季在武夷学院茶树种
质资源圃取样，主要矿质元素含量见表 3-12。产量高，每 667 m² （亩）产乌
龙茶干茶可达 200 kg。适制乌龙茶、绿茶。制乌龙茶，条索紧结重实，香气
馥郁幽长，味醇厚回甘，"韵味"显，具铁观音的品质特征；制绿茶，外形
色绿，花香显，味醇厚。

调查表明，紫玫瑰平均叶蝉虫量比值为 0.55～0.66，对小绿叶蝉的抗性
较强；该品种平均螨量比值为 0.18，对茶橙瘿螨的抗性强；见有轮斑病、云
纹叶枯病及较严重的红锈藻病。抗旱、抗寒能力强，扦插繁殖力强，种植成
活率高。

表 3-12　紫玫瑰主要矿质元素含量　（单位：mg·kg^{-1}）

元素	Al	B	Ba	Ca	Co	Cr
含量	173.98 ± 24.60	4.17 ± 1.26	4.79 ± 2.00	717.77 ± 65.48	0.35 ± 0.07	0.92 ± 0.17
元素	Cu	Fe	K	Mg	Mn	Na
含量	4.72 ± 0.99	30.28 ± 1.05	9 256.67 ± 816.97	727.05 ± 111.10	305.59 ± 50.16	22.71 ± 4.20
元素	Ni	P	S	Se	Ti	Zn
含量	1.19 ± 0.36	2 591.35 ± 30.70	1 102.11 ± 56.53	0.09 ± 0.06	1.83 ± 0.77	18.40 ± 1.75

4. 适栽地区

适栽地区为福建乌龙茶区。

5. 栽培要点

宜选择纯种健壮母树剪穗扦插，培育壮苗。选择土层深厚、土壤肥沃的黏质红黄壤园地种植，适当增加种植密度。

第四章　武夷山茶树生长环境与影响因子

武夷山历史悠久，是世界文化与自然双遗产地，是中华十大名山之一。武夷岩茶品质卓越，风格独特，为全国十大名茶之一。影响武夷岩茶品质的因素较多，从茶树品种、生长环境、茶园栽培管理、鲜叶采摘、加工工艺、制茶器具、生产设备到拼配包装和贮运，贯穿整个茶叶生产和流通全过程，但是生长环境却是影响武夷岩茶品质的重要因素，生长环境包括自然环境和生态环境。自然环境是指与茶树生长发育有关的环境因素，主要有土壤、光照、温度、水分、海拔等，生态环境包括植被、微生物、鸟类等生物和人类的影响。由于环境条件的差异对茶树体内代谢有影响，使得不同生长条件下形成的次生代谢物质的种类、数量和比例有所不同，如与岩茶品质有关的氨基酸、生物碱、多酚类等物质含量，都随着环境条件的改变而变化。

第一节　茶树生长的影响因子

一、土壤及土壤酸碱度

武夷山地质属白垩纪武夷层，下部为石英斑岩，中部为砾岩、红砂岩、页岩、凝灰岩及火山砾岩五者相间成层。茶园土壤的成土母岩绝大部分为火山砾岩、红砂岩及页岩组成。陆羽《茶经》称茶山之土"上者生烂石，中者生砾壤，下者生黄土"。武夷山茶园土壤系烂石或砾壤，而且土壤有机质和微量元素含量丰富。适宜的土壤，造就出武夷岩茶的优良内质。在适宜的 pH 值 4.5～6.5 条件下生长的茶树，叶片中叶绿素含量高，光合作用强，呼吸消耗相对较弱，同时对养分物质氮、磷、钾的吸收能力较强，所以有机物质的合成与积累较多。茶多酚是糖类物质经代谢转化而形成的，因此 pH 值适宜，光合作用产物糖类含量增加，儿茶素、茶多酚含量较高，而在不适宜 pH 条件下，含量明显降低。氨基酸是氮代谢的产物，由于茶树在 pH 值不适宜条件下对氮素的吸收量不高，合成氨基酸数量也不会多。

武夷山茶区土壤均属酸性，在这适宜的pH值条件下，茶树生长旺盛，干物质积累丰富，获得高产，茶树的碳、氮代谢才能顺利进行，茶多酚、氨基酸等与品质有关的成分才能更多地合成，为提高武夷岩茶品质奠定了优良的物质基础。周志等通过检测对比2008和2015年采集的武夷山三大茶区土壤样本养分指标，发现茶园土壤近年来存在酸化趋势加深的现象，尤其岩茶的酸化程度明显，土壤pH值降低。在有机质方面，武夷山茶区的大部分茶园土壤有机质含量在 40 mg·kg^{-1} 以下，其中在岩茶区下降了45.29%。武夷岩茶茶区需要密切关注土壤酸化问题，以及做好适当补充土壤有机质的措施改进方案。

国内一些学者开展了关于茶园土壤与武夷岩茶品质关系的研究。姚月明分别对以竹窠、企山、赤石茶园代表的"正岩""半岩""洲茶"茶园土壤进行调查表明，三地茶园的氮磷钾含量差异较大：正岩茶园土壤磷、钾高而氮低，半岩茶园土壤氮高而磷、钾低，洲茶茶园土壤位于二者之间。陈泉宾研究了武夷山不同区域肉桂和水仙的茶树鲜叶，结果表明名岩区肉桂茶树鲜叶内含物质，如茶多酚、氨基酸和咖啡碱（咖啡因）均显著高于丹岩地区，而在水浸出物和氨基酸含量上名岩区水仙茶树鲜叶显著高于丹岩地区水仙茶树鲜叶。林贵英分析了武夷山正岩、半岩、洲茶产区的土壤样品，结果表明正岩区茶园土壤有效镁和速效钾的含量较高，各理化指标均衡，符合茶园土壤中矿质元素的合理比例，镁和钾元素有助于提高茶树橙花叔醇、橙花醇、雪松醇等乌龙茶特征香气组分的含量。孙威江等研究指出，丹岩区与名岩区茶园土壤全钾、全锌、交换性镁含量和pH值差异极显著，茶树鲜叶中全锰、全锌、全镁含量差异极显著，适当增施钾肥、锰肥、锌肥和镁肥能提高武夷岩茶香气物质含量。王丽鸳等用茶多酚类、咖啡碱（咖啡因）及黄酮（苷）类等茶特征成分含量变化的两个高效液相色谱数据的多元信息融合，制作了武夷岩茶的化学指纹图谱，并对武夷岩茶正岩、半岩进行区分。赵峰等运用武夷岩茶品质指标水分、咖啡碱（咖啡因）、茶多酚、粗纤维分别建立近红外定量分析预测模型，该模型能较好满足生产线上对武夷岩茶品质组分的快速测定要求。周健等采用近红外光谱技术，利用杠杆率校正结合偏最小二乘法的分析方法对正岩茶与半岩茶进行判别，其判别正确率能够达到100%，说明在化学成分上正岩茶与半岩茶之间存在较大差异。

　　茶叶品质受茶树品种、生态环境、栽培措施等影响，茶树鲜叶质量是形成成品茶叶品质的基础。土壤有机质与土壤 pH 值能影响茶树根系生长和茶树对全氮、全磷、全钾、速效氮、速效磷、速效钾等养分的吸收，进而影响茶树次生代谢物质的形成。施嘉播研究指出，茶园土壤有效锌含量与茶叶游离氨基酸总量呈显著正相关，且茶园施锌肥后，茶叶中茶多酚的含量比对照增加35.5%。方玲等研究了不同母质土壤对乌龙茶品质的影响，指出土壤有效性矿质元素与铁观音品质（内含物）关联度较大，如与茶叶游离氨基酸、可溶性糖、茶多酚、水浸出物等密切相关。常硕其对影响茶叶品质的锰元素做了相关研究，结果表明提高土壤中锰元素含量能提高茶叶中蛋白质含量和游离氨基酸总量，降低茶多酚含量和酚氨比，可在一定程度上提高茶叶的品质和产量。阮建云等对浙江各地区茶园土壤镁供应状况和镁肥施用情况做了调查研究，其结果表明茶园施镁肥可使茶叶增产 5.7%，使茶叶中的游离氨基酸总量增加 1.2% ～ 16.8%。雷琼研究表明茶园土壤氮、钾是影响茶叶游离氨基酸总量和咖啡碱（咖啡因）含量的重要土壤理化指标。洪翠云等研究认为增施钾肥可以提高茶叶中氨基酸和咖啡碱（咖啡因）的含量。何电源等提出施锰肥对茶叶中茶氨酸、天门冬氨酸含量有显著提高作用。董迹芬等研究了茶叶香气与产地土壤条件的关系，指出钾对改善茶叶的香气品质效应明显，应注重茶园土壤钾、磷、镁的补充，尤其是要加强钾肥施用的指导。

　　茶树鲜叶质量是成品茶叶品质的原料基础，只有品质等级高的茶树鲜叶并配以一定的制茶技术才可能加工出高品质成品茶叶产品。姚月明等研究了不同地域茶园水仙茶叶品质后指出，采用相同的茶园管理模式，不同地域武夷水仙茶树鲜叶内含物含量不同，在相同制茶工艺下其成品茶叶品质有较大差异，甚至在同一片茶树种植区域，同一茶树品种不同地段的茶树鲜叶品质也存在差异，可见武夷岩茶品质受土壤条件的影响较大。孙威江研究表明不同地域茶园土壤钾、锰、锌元素存在较大差异，而这种差异也表现在茶树鲜叶元素含量的变化上，从而在一定程度上影响茶叶品质，因此在均衡施肥的基础上，适当增施镁肥、锰肥、钾肥、锌肥能提高茶叶品质。

二、光照

茶树生物产量的 90% ～ 95% 是叶片利用二氧化碳和水，通过光合作用合成的碳水化合物而构成的，光照对茶树生育和茶叶产量的影响十分明显，在达到光饱和点以前，光合强度与光照成正比，茶树在非常荫蔽的条件下发芽数少，分枝稀疏，产量很低。光照过强，超过光饱和点，茶芽生长瘦小，产量也不高。而且，由于茶树对光的利用率低，使茶叶的产量和品质下降。

光是茶树进行光合作用形成碳水化合物的必要条件，影响着茶树生长发育，而茶树的光合作用强弱在很大程度上取决于光照强度。空旷地全光照条件下生育的茶树，因光照强，叶形小，叶片厚，节间短，叶质硬脆，而生长在林冠下的茶树叶形大，叶片薄，节间长，叶质柔软。遮阴后的新梢，其咖啡碱（咖啡因）和氨基酸的合成量增加，并且茶氨酸明显地向新梢积聚，茶梢含水量高，持嫩性好。适当降低光照强度，茶叶中含氮化合物明显提高，但碳水化合物、茶多酚、还原糖（如果糖）等相对减少，对茶叶品质有积极作用。

可见，光部分是茶树生育影响最大的光源，赤、橙、黄、绿、青、蓝、紫，不同波长的光照射茶树，会使得茶树形成不同的内含物质。在红橙光的照射下，茶树能迅速生长发育。蓝光为短波光，在生理上对氮代谢、蛋白质形成有重大意义，是生命活动的基础。橙光对碳代谢、碳水化合物的形成具有积极的作用，是物质积累的基础。紫光不仅对氮代谢、蛋白质的形成有重大意义，而且与一些含氮的品质成分如氨基酸、维生素和多种香气成分的形成有直接关系。红外线不能被叶绿素吸收，但是能作为土壤、水分、空气和叶片的热量来源。紫外线对茶树生长有抑制作用，但是经紫外线照射下的叶片含氮化合物较多，反而是利于芳香物质的形成。试验表明，在夏季覆盖蓝紫色薄膜可以提高氨基酸含量，而覆盖黄色薄膜则同时显著提高氨基酸和茶多酚的含量。当适当减弱光照时，茶叶品质香气高、滋味甘醇、汤汁圆润；反之，生长在日照较烈、有太阳长时间直射光照的地区茶叶品质较差。

就茶叶品质而言，低温高湿、光照强度较弱条件下生长的茶树鲜叶氨基酸含量较高，有利于制成香味较爽的茶，如武夷山三坑两涧茶树鲜叶所制的武夷岩茶；在高温、强日照条件下生长的茶树鲜叶多酚类含量较高，有利于制成汤色浓而味强烈的茶或用于提取茶多酚，如武夷山马头岩等地茶树鲜叶所制的武夷岩茶。在不同光质条件下，对品质成分的影响表现为：蓝紫光促进氨基酸、蛋白质的合成，氨基酸总量、叶绿素和水浸出物含量较高，而多酚含量相对减少；红光下茶叶的光合速率高于蓝紫光，促进碳水化合物的形成，利于茶多酚形成。

光照对岩茶品质影响较大，就春茶而言，茶树越冬芽在3月中、下旬开始萌发，5月上、中旬基本结束。这一时期自然光照、温度、湿度等均适于茶树芽梢生长和体内内含物质积累，所以武夷岩茶以春茶的品质最好。可见，光是茶树进行光合作用形成有机质的来源，使新梢迅速生长。在漫射光下可产生较多的叶绿素 B，有效利用蓝紫光形成游离氨基酸来提高香气，在长期雾气笼罩下，光照透过水雾、植被、岩石缝隙形成漫射光，促进含氮化合物、芳香物质的累积，岩茶品质突出。叶江华等研究表明，大红袍、水仙、肉桂茶树叶片光合能力上正岩＞半岩＞洲茶，土壤全钾能显著提高茶树光合作用，速效钾与有机质与光合作用呈正相关，光合能力强使叶片中物质更加丰富，因此钾元素和有机质可提高武夷岩茶茶树鲜叶品质。

三、温度

茶树在长期系统发育过程中，形成了喜温、喜湿、喜散射光、耐荫等生态遗传特性。多数茶树品种的新梢在10℃以上开始萌发，适宜生长的温度是20～30℃，高于30℃则生长缓慢或停止，多数品种能耐–8～–12℃的低温。武夷山茶树为季节性生长，当地地形复杂，气候差异较大，海拔每升高100 m，气温递减0.44℃，同海拔下，南侧坡比北侧坡偏高0.5～1℃，均适合种植茶树。在其他条件保证的情况下，生长期内积温愈多，茶叶的产量愈高。武夷岩茶茶区，气候温和，冬暖夏凉，年平均温度在18℃左右，适宜茶树生长。

气温对武夷岩茶品质的影响，表现最明显的是在武夷岩茶的季节性变化方面。与武夷岩茶品质有关的物质成分随着气温的变化而变化。例如，氨基酸的含量是随着气温的升高而减少，因此在一定的温度范围内气温较低时，有利于蛋白质、氨基酸等含氮化合物的合成，气温过高时氨基酸分解速度加快，积累量减少，同时过高的温度还影响根系对养分的吸收，从而影响茶氨酸的合成，使得由根部向地上部分输送的茶氨酸数量减少。当然，气温对茶树体内物质代谢的影响不仅仅是氨基酸，对其他物质影响也是相当明显的。例如，具有清香的戊烯醇、己烯醇在气温较低时形成较多，所以春茶含量高于夏茶，使得春茶比夏茶具有更好的香气和醇爽滋味，而夏茶滋味常显苦涩。

四、水分

茶树在长期的系统发育过程中，形成了耐荫、喜湿的生长特性，所以凡生长在风和日暖、风调雨顺、时晴时雨环境中的茶树，生长发育好，茶芽生长快，新梢持嫩性强，叶质柔软，内含物丰富，经加工制作而成的武夷岩茶品质较优。武夷岩茶栽培地区的年降水量应在1 000～1 400 mm，较适宜的为1 500 mm。由于武夷山在茶树生长季节需水量大，休眠期耗水少的特点，生长期的月降水量一般在100 mm以上，低于50 mm茶树将受旱。降水过多，排水不良，土壤湿度过大则容易造成茶树涝死，适当的降雨量为武夷山茶树的最适宜空气湿度在 80% ～ 90% 提供了保障。

武夷岩茶正岩区内水系较发达，水文网密度高达 0.29 km/km²，正岩区水系在一定程度上影响区内的特有半岛式地貌的形成，而水系对形成武夷岩茶盆栽式茶园所需的空气湿度起到了决定性的作用。在正岩区内取样的水系中，有较多的地表径流的细小分支，在降雨充沛时有溪流，虽然在干旱时干涸，但因水系的发达，土壤结构粗松，大部分排水情况良好，在一定的程度上使得旱时保证空气湿度，涝时能及时排水，对岩茶茶园生态系统健康发展有着一定作用。优越的自然条件孕育出武夷岩茶独特的韵味，正如沈涵《谢王适庵惠武夷茶诗》云："香含玉女峰头露，润带珠帘洞口云。"在低洼地积水的茶园，茶树遭受湿害后根系的吸收能力降低或完全丧失，影响地上部分生长，对夹叶增多，芽尖低垂、萎缩，也会使武夷岩茶品质受到严重影响。

五、海拔与纬度

一般认为，"高山出好茶"，高山昼夜温差大，有利于光合作用产物的积累，且高山茶区云雾缭绕，漫射光多，降雨量大，空气湿度高，使新梢生长相对缓慢，芽叶粗壮，持嫩性好，为芽叶内含物质的积累创造了良好条件。在一定海拔高度的山区，雨量充沛，云雾多，长波光受云雾阻挡在云层被反射，以蓝紫光为主的短波光穿透力强，这也是武夷山高山岩茶中氨基酸和含氮芳香物质含量高，而茶多酚含量相对较低，涩味低、甜度高的主要原因。

罗杰等对四川蒙山茶区海拔高度与茶叶品质关系的研究发现，茶叶中的咖啡碱（咖啡因）和氨基酸含量随着海拔高度的增加而增加，茶多酚含量随着海拔高度的增加而增加，在海拔 800 m 时达到最高，然后随着海拔高度的增高开始降低。方洪生等的研究也表明了同样的趋势，但发现海拔 600 m 左右时茶叶的上述内含成分含量最高。黄纪刚等研究表明，随着海拔高度的增加，氨基酸呈线性关系显著升高，茶多酚和酚氨比值呈指数关系显著降低，而咖啡碱（咖啡因）含量则变化不大。儿茶素（Catechin, C。）组分随海拔高度变化表现不同，表没食子儿茶素没食子酸酯（epigallocatechin gallate, EGCG）、表没食子儿茶素（epigallocatechin, EGC）、表儿茶素（epicatechin, EC）随海拔增高而降低，而 EGC 和 GCG 则有所升高，导致儿茶素总量变化不大。

武夷山位于福建省北部，介于北纬 27° ~ 28°、东经 117° ~ 118°，北纬 30° 地带被地理学家称为"神秘的纬度"，在这条黄金纬度的两侧是茶树生长的黄金地带，世界乌龙茶和红茶的发源地——武夷山，就处在这条"黄金地带"中。武夷山在武夷山脉的东南坡，是典型的中亚热带季风气候区，武夷山脉的北面阻挡了南下的冷空气，武夷山的冬天比同纬度的内陆地气温高了许多，武夷山脉南坡是东南季风的迎风坡，水气充足，每年冷暖气流在此频繁交汇，降水充沛，气候总体温暖湿润。

地域性的差异对茶树生育和茶叶品质影响较大。不同纬度的茶叶品质的差异主要是因气候条件的不同而造成的。生长在武夷山茶区纬度的茶树，因年平均气温较低，茶多酚合成和积累较少，氨基酸、蛋白质等含氮物质相对较多，制得的武夷岩茶品质较好。海拔高度对茶叶品质的影响，实质上也是气候因素造成的，就气温而言一般海拔每升高 100 m，气温降低 0.6℃，而茶树的物质代谢受气温影响。武夷岩茶茶园由于高湿、云雾多、日照时间短、漫射光强，对碳氮代谢速率起抑制作用，但对新梢中维持组织内有高浓度的可溶性化合物是有利的，并能减慢纤维素的合成作用，为创造优质武夷岩茶奠定了良好的基础。茶树的生长发育、生理代谢与品质在不同海拔也必然呈现出不同的响应特征。

六、土壤元素

随着农产品在国际间的交流，产品的原产地标志越来越成为正宗产品和优质品质的身份证，也是其高附加值的象征。在世界各国的交流中，越来越重视起茶的地理标志作用。儿茶素和茶氨酸等化学组分含量虽然也可以作为茶产品的地理标志物，但由于这些成分在所有茶产品中都存在，且各种因素如加工工艺、储藏条件、储藏时间等环节对其影响较大，因此其不具备特异性。利用地球化学特征（eochemical characteristics）可以对茶叶地理标志进行确认与辨别，即对特殊产地的微量元素在产品中的含量进行分析与鉴定。由于元素在产品中的稳定性，且不受如黑茶、红茶、绿茶、乌龙茶等不同茶类型的影响，也不受茶叶样品（如叶片、粉末以及成品茶等）类型的影响，因此该方法很快成为茶叶产品的原产地标识物指标。

由于武夷岩茶正岩区被认为是最具"岩韵"的产品，"有岩才有茶"是武夷岩茶种植地域的特征性指标，土壤元素来自岩石的长期风化后形成的碎石砾壤，因此土壤元素是影响茶树生长及茶叶品质的重要因素。铜（Cu）是植物体内形成多种氧化酶的必需微量元素，且参与植物体内氧化还原反应，适量的铜能促进植物生长发育，铜含量小于 4 mg·kg^{-1} 或大于 20 mg·kg^{-1} 都不利于植物的生长发育，甚至对植物造成危害。锌（Zn）是植物代谢过程中非常重要的微量元素，它能提高植物的光合作用，促进植物生长素吲哚乙酸等的形成，有利于植物氮代谢，增强植物的抗逆性，缺锌（Zn）使茶树光合作用、氮（N）代谢受到阻碍，从而使新梢生长严重受阻。锰（Mn）参与叶绿体结构组成，参与植物体内多种氧化还原反应过程，同时它还是多种酶的活化剂。铁（Fe）是茶树必需的营养元素，是多种酶的组成成分，参与叶绿素合成与核糖核酸（RNA）代谢。叶江华等研究发现，武夷岩茶茶树根围土壤中铜（Cu）、锰（Mn）、镁（Mg）元素与茶树鲜叶的品质（内含物）呈正相关，茶树鲜叶中铜（Cu）、锰（Mn）、镁（Mg）元素与茶树鲜叶品质（内含物）呈正相关，对茶树叶片光合作用贡献率大，而铜（Cu）、锰（Mn）、镁（Mg）三种元素在岩石与土壤元素之间具有两两高度相关性，且与茶树鲜叶品质具有显著正相关，因此，铜（Cu）、锰（Mn）、镁（Mg）三种元素可作为正岩茶产品重要标志性元素。

陈磊等研究认为土壤全氮、全磷、全钾、pH值等对茶叶中的氮（N）、磷（P）、钾（K）含量有显著影响，铝（Al）、镁（Mg）、铜（Cu）和锌（Zn）等土壤元素对茶叶磷（P）元素含量有显著影响。叶江华等研究了大红袍、水仙、肉桂茶树鲜叶产量、光合与土壤理化间的相关性，结果表明，在其他肥力指标达到Ⅰ级条件下，全钾、速效钾和有机质并不能有效提高茶树鲜叶的产量，但能够提高茶树鲜叶的品质。陈华葵等研究表明，名岩区肉桂茶树鲜叶的茶多酚和咖啡碱（咖啡因）含量显著高于丹岩区，而名岩区半成品茶的钾（K）、镁（Mg）元素含量较高，磷（P）元素和铜（Cu）元素含量则较低。

福建省121地质大队在星村镇的前兰、曹墩、评价区内采取了32份岩石样，"三坑两涧"内共采取14份，正岩非"三坑两涧"内采取13份岩石样，经实验分析对比，"三坑两涧"茶园岩石的钾（K）、锌（Zn）、硒（Se）、钙（Ca）等元素比正岩非"三坑两涧"内茶园含量高，其余各元素均比正岩非"三坑两涧"茶园的含量低，岩茶茶园钾、镁等岩石元素比洲茶茶园的含量高。纵观武夷山市土壤类型，唯有评价区内土壤类型为酸性紫色土，酸性紫色土理化性状对茶叶的生长极为有利，酸性紫色土含砾石高，质地轻，土层较厚，土质疏松，空隙度约50%，透气性好。从2015年至今，福建省121地质大队对不同茶园土壤测定了养分、肥力等元素。从分析结果得知正岩"三坑两涧"，与正岩非"三坑两涧"，茶园土壤条件各因子中，"三坑两涧"的酸性紫色土pH值、氮（N）、速效磷、速效钾、磷（P）、钾（K）、钙（Ca）、镁（Mg）、二氧化硅等元素比正岩非"三坑两涧"酸性紫色土的含量高，其余各元素均比正岩非"三坑两涧"的含量低。

七、茶园管理

近年来，由于武夷岩茶受广大消费者的认识和喜爱，武夷岩茶的市场发展较好。有些武夷岩茶生产者为追求产量，茶山过度开垦，茶园周围树木不注意保护，随意砍伐，这是影响武夷岩茶茶树鲜叶品质的主要因素。人们往往因忽视茶树鲜叶自然品质的提高，单纯追求产量，违背了物质循环和能量的转化规律而得不偿失。如何构建茶园复合生态系统，创造一个光、热、气、水协调的微域气候，改善光量与光质条件，既符合茶树生长发育要求，又能增加单位面积经济收益，是一个值得重视的系统问题。在众多茶园管理方法中，传统的武夷耕作法（秋季深耕、吊土、客土、平山、锄草）对武夷岩茶品质的保障起到了重要的作用。武夷茶区素有"七挖金、八挖银、九挖铜、十挖土"的说法，意指农历七月为深耕的最佳时期，利于根系向深处发育，有效地灭除杂草和部分越冬病虫害，便于冬前基肥深施等。客土常结合秋挖进行，即土沟中填入新土或是收集岩壁和斜坡上分化土和腐殖层土等，以此为补充微量矿物元素，是培育武夷岩茶"岩韵"的重要手段，平山、锄草对防治病虫害、疏松土壤、培育茶园极为有利，因此武夷耕作法不失为一种传统的茶园科学管理方法。

在茶园四周或其内部设置防护林和遮阴树，不仅能防止寒流侵袭，减少地表径流，保持水土，增加土壤水分和养分的积蓄，而且可以起遮阴的作用，减少直射光，增加茶园内的漫射光，有利于含氮物质合成，碳氮比值减小，从而有助于茶树的营养生长，促进茶芽萌发，提高茶树鲜叶的嫩度。在炎热的夏季，由于树冠阻挡，风速减弱，茶园内空气流动减少，从地面和茶树体内蒸腾的水分，一时不易向外散发，可增加湿度，降低温度。种植遮阴树的茶园，茶芽萌发多，嫩度好，产量高，可见在茶园内外栽种遮阴树和防护林，能改善茶园的小气候。据研究，当遮阴度达30%～40%时，可促进有机物积累，碳代谢受到抑制，糖类、多酚类含量相对下降，氮代谢增强，全氮、咖啡碱（咖啡因）、氨基酸含量增加，有利于岩茶品质提高。护林树种以桔、柚、桃、板栗、合欢、桂花为佳，木质好，病虫少。栽种时可以常绿树和落叶树间种。茶园外围可种马尾松、湿地松，间植合欢、板栗、枇杷、柚子、桂花等。

茶园间种绿肥，能改良土壤理化性状，防止水土冲刷，有保肥造肥、蓄水防旱作用，是养地的一种极好的办法。成龄茶园，采用行间铺草方法，是培养地力，调节地温，改善土壤结构的有效措施。铺草不仅能提高土壤肥力，增强蓄水保水能力，而且可以使地温夏季降低，冬季升高，有利于茶树鲜叶内含物的增加，提高武夷岩茶品质。

众所周知，水是光合作用的条件之一，也是光合作用生化过程的介质。缺水茶树生长受到抑制，芽叶生长缓慢，叶形变小，节间变短，对夹叶多，甚至出现脱叶现象。如能改善水利条件，在旱季进行灌溉，不但可以增加茶树水分供应，还能有效地改变茶园小气候，降低地温，提高地湿，使糖类不易缩合成纤维，有利于含氮化合物的合成，提高茶树鲜叶嫩度。

第二节　代表性山场

　　武夷岩茶的优异品质得益于武夷山得天独厚的丹山碧水，武夷山群峰相连，峡谷纵横，崇阳、九曲、黄柏三条溪流环绕罗织于峰岩与丘陵间，形成独特的微域气候。山涧常年云遮雾绕，空气湿润，气候温和，冬暖夏凉，雨量充沛，武夷岩茶的优异品质得益于这得天独厚的地理环境。优质茶园主要分布在海拔 500 m 以下的丘陵低山与谷底岩壑之中。以山为屏，日照较短，多雾而形成大量散射光，既无冻害，又无风害，少虫害，是茶树生长的最佳环境。当地茶农利用幽谷、山凹、深坑、石缝、岩隙以及缓坡山地，以石砌梯，砌筑石座，填土造园，素有"盆栽式"茶园之称，形成了"岩岩有茶，非岩不茶"之说。茶园遍布"九曲溪流，三十六峰，七十二洞，九十九岩"以及"窝""坑""涧""窠"等处。

一、武夷岩茶山场之"洞"

以"洞"来定名的山场，是个相对恒温的环境，而且相对来说，茶树生长环境较阴凉。一般都有自己独特的气候现象，主要是通过流动的水和对流的空气来调节的。代表山场有鬼洞（图 4-1）、水帘洞、曼陀洞、玉华洞等处。鬼洞所产铁罗汉和奇种品质较佳，被茶客赋予爱称"鬼铁"。水帘洞茶树种植面积较广，所产水仙品质较为出色。

图 4-1　鬼洞

二、武夷岩茶山场之"坑"

以"坑"命名的山场，是指两面夹山，并且弯弯曲曲、高矮不同形成多个面积大小、生态环境小有不同的区域，一般都有两个出口。代表山场有牛栏坑、倒水坑、慧苑坑等处。牛栏坑（图 4-2）、倒水坑及慧苑坑为"三坑两洞"中的"三坑"地带，其中，牛栏坑的肉桂俗称"牛肉"，茶香气馥郁，细啜有青草香气，深受茶客喜爱，而慧苑坑以产老枞水仙为优。

图 4-2　牛栏坑

三、武夷岩茶山场之"窠"

以"窠"命名的山场，在地形、环境上与"坑"类似，但"窠"比"坑"较小，且山场环境相对多变，有的伴有水流，有的没有，有的偏阴凉，有的则并不明显。代表性山场有九龙窠、竹窠、燕子窠、枫树窠等处。九龙窠（图4-3）是母树大红袍的原产地，竹窠老枞水仙和肉桂品质优异，特征明显，枫树窠也是如此。

图 4-3　九龙窠

四、武夷岩茶山场之"岩"

以"岩"命名的山场，光照强、气温高、湿度低，所产岩茶滋味比较浓、烈。代表山场有马头岩、弥陀岩、佛国岩等处。马头岩（图4-4）所产肉桂被茶客们赋予爱称"马肉"，高香且滋味浓烈。佛国岩老枞水仙枞味显，品质出众，深得茶客们的喜爱。

图4-4　马头岩

五、武夷岩茶山场之"涧"

以"涧"命名的山场，常伴有水流，且两山相夹，大部分茶园处于半遮蔽状态，因此茶树生长环境湿润，遮阴效果好，在沟边有零散的风化沉积岩的冲积堆。代表山场有悟源涧（图4-5）、流香涧、章堂涧等处。所产岩茶香气馥郁悠长，滋味醇厚，岩韵明显。

图 4-5　悟源涧

六、武夷岩茶山场之"峰"

以"峰"命名的山场，分为多种类型，在峰顶的则多出高香，在峰中央的可以做到香水并重，在峰底的依据其生态条件的不同亦可呈现不同的品质。代表山场有三仰峰、莲花峰、马枕峰、磨盘峰等处。马枕峰的肉桂品质优异，磨盘峰的石乳茶品质一流。如图 4-6 所示。

图 4-6　莲花峰

七、武夷岩茶山场之"窝"

以"窝"命名的山场，四周环山，阴风常拂，极恶不往，面积较小。代表山场有云窝（图4-7）。

图4-7 云窝

八、武夷山代表性高山生态茶园

武夷山景区茶园所产的岩茶是武夷岩茶的主要代表，高山生态茶园则是武夷岩茶的重要产地。景区面积不过70平方千米，区内茶园不到武夷山茶园总面积的15%，而生态茶园占武夷山茶园总面积的50%以上。武夷岩茶生态茶园的基本要求是：茶山坡度在25°以下，要求"头戴帽、脚穿鞋、腰绑带"，也就是山顶上要有常绿阔叶林涵养水土，半山腰和山脚下也要有森林带分布，绿色的茶园就像玉佩错落的镶嵌在森林之中。武夷岩茶生态产茶带位于武夷山市西北边的武夷山脉南坡，从洋庄乡、武夷街道办延伸到星村镇，像一条绿色的走廊围绕在武夷山景区的西北侧，比较有代表性的山场包括：山口、吴三地、程墩、曹墩、四新和黄村。

1. 山口

地理位置：洋庄乡西南部。

海拔高度：457米。

山口属于洋庄乡洋庄村，位于洋庄乡中心以南5～11公里处，西南为吴三地，地处武夷山脉迎风坡，降水充足，加上植被林立，蒸发量大，湿气重，易形成云雾，造就适宜茶树生长的暖湿多散射光的半阴环境。且山口的土壤为适合茶树生长的风化岩砾，土壤通透性良好，矿物质含量高，使得茶树生长达到较理想水平，茶叶内含物均衡。该产地中肉桂、水仙品质优良，白瑞香、紫红袍、佛手等品种特征明显。如图4-8所示。

图4-8　山口

2. 吴三地

地理位置：洋庄乡。

海拔高度：807米。

吴三地是武夷山市洋庄乡浆溪村的一个自然村，位于武夷山的西北部，这里平均海拔800多米，最高海拔有1300多米，所产茶叶高山气息浓厚。山上植被丰富，其中原始植被保持完好，山脚下溪流多，水网密集。由于地势高。植被水网密布，此地终年云雾缭绕，茶叶生长需要的漫射光较多，湿度可达85%。吴三地一带老丛水仙、枞味明显、持久，在武夷水仙中独树一帜，颇受老茶客们的青睐。如图4-9所示。

图4-9　吴三地

3. 程墩

地理位置：星村镇北部。

海拔高度：605 米。

程墩村属于星村镇管辖下的一个自然村，位于武夷山市星村镇的北部，是九曲溪源头之一，距星村镇中心约 20 公里。程墩东面翻过大山与武夷街道的黄柏村接壤，西接桐木自然保护区，是连通星村镇与洋庄村的枢纽。程墩平均海拔在 600 米以上，高山环绕，植被遍布。雨水丰沛，形成了高山云雾的小气候。高山云雾的优越地理环境种植出的茶叶有明显的特色，如香气高、水色清、入口甘甜、耐冲泡等。如图 4-10 所示。

图 4-10　程墩

4. 曹墩

地理位置：星村镇。

海拔高度：468米。

曹墩村是武夷山市星村镇所辖的行政村之一，位于九曲溪上游，是横贯东西的交通枢纽以及通往自然保护区、龙川、玉龙谷、武夷源等景区的必经之路。其制茶历史悠久，数百年来，曹墩村家家户户制茶，曾凭借着九曲溪的水运优势，将茶运往集散地镇中心贩卖。曹墩村大部分夹在狭长东北——西南走向的山间，云气消散缓慢，沟谷腹地山林集中，茶树生长在这样的环境中，品质较好。如图4-11所示。

图4-11 曹墩

5. 四新

地理位置：星村镇。

海拔：679 米。

四新地处武夷山脉主峰——黄岗山的东南麓，武夷山风景区的西侧，崇山峻岭环绕，风景秀丽，武夷源生态旅游区也坐落于这样一个"人间仙境"之中。风景区东起狮子峰沿莲花谷至白塔山，北至东北源溪谷和杨梅泉溪谷，西南抵建阳界及狮子峰外南山一段莲花溪溪谷，总面积约 46 平方千米。景区内山峻坡陡、峰峦叠嶂，秀瀑媚涧、飞溅奔流，被称为武夷山自然保护区的"缩影"、风景名胜区的"后花园"。如图 4-12 所示。

图 4-12　四新

6. 黄村

地理位置：星村镇

海拔高度：446 米

黄村是武夷山市星村镇下辖的一个行政村，位于九曲溪上游，夹在星村村与曹墩村之间，村落地势较开阔，小丘陵环绕着这片溪谷沃野。黄村的茶树呈带状地镶嵌在高高低低的丘陵上。与其他高山生态茶区相比，黄村虽无密集型深山沟谷的先天优势，但茶树在茶农的精心呵护下，所产茶在斗茶赛中均有着不俗的表现。如图 4-13 所示。

图 4-13　黄村

参 考 文 献

［1］ 江昌俊.茶树育种学［M］.第2版.北京：中国农业出版社，2011.

［2］ 罗盛财.武夷岩茶名丛录［M］.福州：福建科学技术出版社，2013.

［3］ 罗盛财，陈德华，黄贤格，等.武夷名丛单丛茶树种质资源收集、整理
　　鉴定与保护利用研究［J］.中国茶叶，2017，39（12）：18—20.

［4］ 王飞权，冯花，罗盛财，等.42份武夷名丛茶树生化成分多样性分析
　　［J］.植物遗传资源学报，2015，16（03）：670—676.

［5］ 萧天喜.武夷茶经［M］.北京：科学出版社，2008.

［6］ 说茶网.武夷山四大名丛之半天腰［EB/OL］.（2019–10–24）.http://
　　m.ishuocha.com/show-371-82000.html.

［7］ 茶艺网.铁罗汉传说故事介绍［EB/OL］.（2018–7–14）.https://www.
　　chayi5.com/ wenhua/20180714102580.html.

［8］ 陈常颂，余文权.福建省茶树品种图志［M］.北京：中国农业科学技术
　　出版社，2016.

［9］ 冯花，罗盛财，王飞权，等."九龙兰"等14份武夷名丛茶树资源主要
　　生化成分分析［J］.武夷学院学报，2016，35（03）：35—41.

［10］ 王飞权，冯花，罗盛财，等.部分武夷名丛种质资源生化成分分析
　　［J］.黑龙江农业科学，2012（04）：107—110.

［11］ 王飞权，吴淑娥，冯花，等.部分武夷名丛叶片解剖结构特性研究［J］.
　　中国农学通报，2013，29（04）：130—135.

［12］ 王飞权，冯花，罗盛财，等.武夷名丛茶树种质资源叶片解剖结构分析
　　［J］.热带作物学报，2019，40（12）：2375—2389.

［13］ 洪永聪，卢莉，辛伟，等.武夷岩茶"十大名丛"种质生物学特性的鉴

定与评价［J］.中国农学通报，2012，28（28）：234—238.

［14］ 郑淑琳，石玉涛，王飞权，等.乌龙茶种质资源矿质元素含量特征分析
与评价［J］.福建农业学报，2020，35（02）：90—100.

［15］ 石玉涛，郑淑琳，王飞权，等.武夷名丛茶树种质资源矿质元素含量特
征分析［J］.中国农业科技导报，2020，22（07）：37—50.

［16］ 陈岱卉，郭雅玲.大红袍研究进展［J］.福建茶叶，2011（01）：28—31.

［17］ 陈德华.影响武夷岩茶品质的因素和提高措施［J］.福建茶叶，1997
（05）：22—24.

［18］ 陈华葵，杨江帆.武夷岩茶不同岩区品质形成以及进展［J］.食品安全
质量检测学报，2016，7（01）：257—262.

［19］ 陈华葵，杨江帆.土壤微量营养元素对武夷肉桂茶品质的影响［J］.亚
热带植物科学，2014，43（03）：216—221.

［20］ 董天工.武夷山志［M］.北京：方志出版社，2007.

［21］ 冯卫虎.武夷岩茶"岩韵"形成的体会［J］.福建茶叶，2000（04）：
43—43.

［22］ 福建省农科院茶叶研究所土肥室.武夷岩茶及其土壤调查总结报告［J］.
茶叶科学简报，1984（01）：1—6.

［23］ 郭柏苍.闽产录异［M］.长沙：岳麓书社，1986.

［24］ 林贵英.土壤理化性状对武夷岩茶品质的影响［J］.福建茶叶，2005
（03）：23—25.

［25］ 林心炯，李元钦，吴静如.武夷岩茶与生态环境初步的研究［J］.茶叶
科学简报，1986（01）：25—28.

［26］ 李雪平.武夷岩茶产地生态地质背景与岩茶品质关系探讨［J］.能源与
环境，2019（05）：62—65.

［27］ 刘宝顺.武夷岩茶自然生态环境与品质［J］.中国茶叶，2017（08）：
36—37.

◇

参考文献

◇

［28］邵长泉.岩韵［M］.福州：海峡文艺出版社，2016.

［29］孙威江，陈泉宾，林锻炼，高志鹏.武夷岩茶不同产地土壤与茶树营养元素的差异［J］.福建农林大学学报（自然科学版），2008，37（01）：47—50.

［30］姚月明.形成武夷岩茶品质特征的相关因子［J］.福建茶叶，1997（03）：25—26.

［31］叶乃兴，郑乃辉，杨江帆.福建名茶与原产地保护［J］.中国茶叶，2004，33（04）：459—463.

［32］叶江华.武夷岩茶茶园土壤特性与茶树生长及茶青品质的相关性研究［D］.福建农林大学博士学位论文.2016.

［33］叶江华，贾小丽，陈晓婷，等.茶树对铅胁迫的响应及其组织铅化学形态变化研究［J］.热带作物学报，2017，38（09）：1607—1613.

［34］叶江华，罗盛财，张奇，等.武夷山不同茶园茶树茶青品质的差异［J］.福建农林大学学报（自然科学版），2017，46（05）：495—501.

［35］叶江华，张奇，林生，等.大红袍茶树生长及鲜叶品质与土壤特性的相关性［J］.森林与环境学报，2019，39（05）：488—496.

［36］周志，刘扬，张黎明，等.武夷茶区茶园土壤养分状况及其对茶叶品质成分的影响［J］.中国农业科学，2019，52（08）：1425—1434.

［37］Y. C. Hong, W. Xin, J. J. Zeng, et al. Development of tea bush replant disease by red root rot fungus［J］. Allelopathy Journal, 2018, 43（01）: 65–72.

［38］Hong Yongcong and Xin Wei. Spatial distribution and correlation analysis of soil nutrients in tea gardens of Wuyi Mountain area［J］. Research Journal of Biotechnology, 2017, 12（08）: 22–28.

［39］Y. C. HONG, Y. J. DAI, W. XIN, et al. Effects of continuous monoculture of Achyranthes bidentata on diversity of soil bacterial community［J］.

Allelopathy Journal, 2015, 36（02）: 213–224.

[40] Hong Yongcong and Xin Wei. Isolation and characterization of biocontrol fungi capable of infecting Amethystea coerulea-like tea garden weeds [J]. Research Journal of Biotechnology, 2017, 12（05）: 88–92.

[41] X. L. Jia, J. H. Ye, Q. Zhang, et al. Soil toxicity and microbial community structure of Wuyi rock tea plantation [J]. Allelopathy, 2017, 41（01）: 113–126.

[42] Xiaoli Jia, Jianghua Ye, Haibin Wang, et al. Characteristic amino acids in tea leaves as quality indicator for evaluation of Wuyi Rock Tea in different cultured regions [J]. Journal of Applied Botany and Food Quality, 2018, 91: 187–193.

[43] Jiang-Hua Ye, Hai-Bin Wang, Xiao-Yan Yang, et al. Autotoxicity of the soil of consecutively cultured tea plantations on tea（Camellia sinensis）seedlings [J]. Acta Physiol Plant, 2016, 38（08）: 1–10.

[44] J. H. YE, H. B. WANG, X. H. KONG, et al. Soil sickness problem in tea plantations in Anxi county, Fujian province, China [J]. Allelopathy Journal, 2016, 39（01）: 19–28.

后 记

武夷山历史悠久，物华天宝，是世界文化与自然双遗产地，是中华十大名山之一。武夷岩茶以其醇厚的滋味和馥郁的香气品质深受广大消费者的青睐，其优异品质的形成既源于得天独厚的生长环境和丰富多样的茶树种质资源，也离不开精湛的制作工艺。近年来，众多武夷岩茶爱好者从海内外远道而来，感受武夷山茶树独特的生长环境，认知武夷山茶树种质资源的特征、特性，以探究环境、品种及工艺与武夷岩茶品质之间的关联。

武夷学院中国乌龙茶产业协同创新中心"一带一路"文化构建与传播研究课题组借此机会，从农艺性状、生化成分、矿物质元素、解剖结构及适制性等方面对武夷山茶树种质资源的特征特性进行了比较全面的描述，通过图片资料及科学数据对武夷岩茶的生长环境进行分析，力求科学直观地展示武夷山茶树种质资源及生长环境，以帮助广大读者更好地理解和掌握相关知识。

本书付梓前，蒙福建农林大学叶乃兴教授拨冗审稿并给予诸多宝贵指导意见。本书由武夷学院茶与食品学院张渤院长策划主编，王飞权共同主编，叶江华、张见明、石玉涛、洪永聪、冯花共同编写完成。其中，第一章至第三章由王飞权、张见明、石玉涛、冯花共同编写，第四章由张渤、叶江华和洪永聪共同编写，全书由张渤和王飞权统稿。在写作过程中，本书得到了陈荣冰、倪斌等老师的悉心指导，在此诚挚感谢！武夷山市和祥茶业有限公司、武夷学院艺术学院易磊老师为本书提供部分图片，吴婷、陈城、刘威帆、陆峥、容露、潘先萍等同学在种质资源文字、图片资料的整理中做了很多工作，在此一并致谢！

由于时间所限，且研究还有待深入，本书许多方面未免不尽如人意，期待在今后工作中不断提升和完善，不足之处敬请读者批评指正。

编者

图书在版编目（CIP）数据

武夷茶种/张渤,王飞权主编. —上海：复旦大学出版社,2020.9（2021.4 重印）
（武夷研茶）
ISBN 978-7-309-15163-3

Ⅰ.①武… Ⅱ.①张… ②王… Ⅲ.①武夷山-茶叶-介绍 Ⅳ.①TS272.5

中国版本图书馆 CIP 数据核字（2020）第 121722 号

武夷茶种

张　渤　王飞权　主编
责任编辑/方毅超　王雅楠
装帧设计/杨雪婷

复旦大学出版社有限公司出版发行
上海市国权路 579 号　邮编：200433
网址：fupnet@ fudanpress.com　　http：//www.fudanpress.com
门市零售：86-21-65102580　　团体订购：86-21-65104505
外埠邮购：86-21-65642846　　出版部电话：86-21-65642845
江阴金马印刷有限公司

开本 787×1092　1/16　印张 10　字数 137 千
2021 年 4 月第 1 版第 2 次印刷

ISBN 978-7-309-15163-3/T · 678
定价：68.00 元

武夷

武夷山 正 岩 茶 叶 分

福建省制图院   联合编制
武夷山市国土资源与地理信息中心
比例尺 1:10 000
2013年12月 拍摄   2015年2月 制作

山市正岩茶叶分布图

本图由倪斌、张渤、叶江华、王飞权联合编制